官式建筑内檐棚壁糊饰技艺
和它的传人们

王添艺 著

顾军 苑利 主编

北京出版集团
北京美术摄影出版社

图书在版编目（CIP）数据

官式建筑内檐棚壁糊饰技艺和它的传人们 / 王添艺
著；顾军，苑利主编. — 北京：北京美术摄影出版社，
2022.6
（文物大医生）
ISBN 978-7-5592-0498-1

Ⅰ. ①官… Ⅱ. ①王… ②顾… ③苑… Ⅲ. ①宫殿—
裱糊—研究—中国—古代②宫殿—裱糊—工程技术人员—
介绍—中国—古代 Ⅳ. ①TU767.2②K826.16

中国版本图书馆CIP数据核字(2022)第096595号

责任编辑：赵　宁
执行编辑：班克武
责任印制：彭军芳

文物大医生
官式建筑内檐棚壁糊饰技艺和它的传人们
GUANSHI JIANZHU NEIYAN PENGBI HUSHI JIYI HE TA DE CHUANRENMEN

王添艺　著

顾军　苑利　主编

出　版　北京出版集团
　　　　北京美术摄影出版社
地　址　北京北三环中路6号
邮　编　100120
网　址　www.bph.com.cn
总发行　北京出版集团
发　行　京版北美（北京）文化艺术传媒有限公司
经　销　新华书店
印　刷　雅迪云印（天津）科技有限公司
版印次　2022年6月第1版第1次印刷
开　本　787毫米×1092毫米　1/16
印　张　15.5
字　数　116千字
书　号　ISBN 978-7-5592-0498-1
定　价　72.00元

如有印装质量问题，由本社负责调换
质量监督电话　010-58572393

🌸 主编寄语

自冯骥才先生提出"传承人"概念开始，这个概念便一直被沿用至今。记得2007年文化遗产日期间，面对新华社记者的采访，我说过这样一段话：以往，一讲到中华文化的名人，我们便会想到孔子、孟子。不错，作为中华文明的集大成者，他们确实做出过杰出贡献。但是，在关注他们以及他们成就的伟大事业外，我们还应注意一个问题——除孔孟之道外，中华民族还有许多文明成就并不是由孔孟创造的。譬如，我们的中华饮食制作技术、我们的东方建筑技术、我们的造纸术、我们的活字印刷术、我们的纺织技术，以及我们已经传承了数千年之久的中华农耕技术等。也就是说，在中华文明的发展过程中，有那么一批人，同样为中华文明做出过杰出的贡献，他们就是妇孺皆知的鲁班、蔡伦、毕昇、黄道婆，拿今天的话来说，就是我们的非物质文化遗产传承人。一个国家的发展，一个国家的文明创造，没有他们的参与是万万不能的。随后，由我们提出的"以人为本"原则，以及"传承主体"概念等，基本上也都是围绕着如何认定传承人、保护传承人和用好传承人这一基本思路展开的。冯骥才认为传承人是一群智慧超群者，他们"才华在身，技艺高超，担负着民间众生的文化生活和生活文化。黄土地上灿烂的文明集萃般地表现在他们身上，并靠着他们代代相传。有的一传数百年，有的延续上千年。这样，他们的身上就承载着大量的历史信息。特别是这些传承人自觉而严格地恪守着文化传统的种种规范与程式，所以他们的一个姿态、一种腔调、一些手法直通远古，常常使我们穿越时光，置身于这一文化古朴的源头里。所以，我们称民间文化为历史的'活化石'"。

与精英文化所传文明的经史子集不同，传承人所传文明，主要体现在传统表演艺术、传统工艺技术和传统节日仪式3个方面。而本套丛书所采访记录的各位大家，正是偏重于传统工艺技术的文物修复类遗产的传承人。

人们对非物质文化遗产的认识，是有一个明显的渐进过程的。最初，人们并没有意识到文物修复与非物质文化遗产有何关联，所以在2006年第一批国家级非物质文化遗产项目中，就没有什么文物修复项目。当我们意识到这个问题后，便在2007年出版的《非物质文化遗产学教程》中，特意提到了文物修复，并认为这同样是一笔宝贵的非物质文化遗产，应该纳入保护系列并实施重点保护。从那时起，文物修复类项目也渐渐多了起来。

此次出版的"文物大医生"丛书，所收录的多半是专门从事皇家文物修复工作的老一代文物修复工作者讲述的故事。我们的目的是想通过他们将中国古老的文物修复历史，其中所涉及的著名历史人物、历史事件以及这些老手艺人总结出来的非常实用的文物修复技术，通过一个个真实、生动且有趣的故事，告诉每一位读者。这些故事很多都是首次披露，希望能给读者带来更多的收获和惊喜。

在这套丛书即将出版之际，我们还要感谢采访到的各位传承人。正是因为他们的努力，我们的老祖宗在历史上总结出的许多文物修复技术才能原汁原味地传承下来，也正是因为他们腾出大量时间接受我们的采访，他们所知道的故事才能通过这套丛书传诸后代。

顾军　苑利

2022 年 5 月 6 日于北一街 8 号

🏵 前　言

在广袤的中华大地上，散落着祖先馈赠予我们的文化宝藏——古建筑，雕梁画栋、青瓦灰墙，静默伫立，让古老的建筑文明有迹可循。在历史的长河中，前人因时、因地，不断提炼建筑营造技术，发展成独具特色的中国传统建筑营造技艺，在代代传承中，仿佛放慢了岁月的脚步，为灿烂的建筑遗存注入生机。

内檐棚壁糊饰，即是用纸、绢等软性材料，以糊贴的方式，构建装饰墙面、门窗及棚顶的工艺技术。生长于秦岭淮河以北的内檐棚壁糊饰技艺，是北方民族抵御严寒气候的智慧结晶，也是民族艺术与审美的重要载体。时光流转，当这项技术传入宫廷后，更是受到极高的礼遇，不仅经各地的能工巧匠丰富演化，成为帝后寝居的必备装潢，广泛地应用于官式建筑，而且被纳入宫廷匠作系统中，其工序、用料、用工载入清工部《工程做法》等卷籍，以国家文书的形式颁布、存档，这就是官式建筑内檐棚壁糊饰技艺。

作为中国传统建筑营造技艺的重要组成，也是中国古代建筑史中，唯一传承、保留的皇家敕造建筑内檐棚壁糊饰技艺，以及中国糊饰技术的最高典范，官式建筑内檐棚壁糊饰技艺蕴含着极高的历史、科技、文化、艺术价值。但是随着清王朝的土崩瓦解，官式建筑内檐棚壁糊饰技艺逐渐失去传承空间，这项灿烂的手工技艺面临消亡，亟待保护。

幸运的是，在高楼大厦林立的今天，还有一群人恪守着宫廷匠作的技艺标准，四处走访、史籍钩沉，用一生的专注致力于糊饰技艺的挖掘与守护，即使裱作式微、无人问津之时，即使材料短缺、工具简陋之际，依然不惮繁复，用精湛的技术将前人的智慧传递，用不悔初心的坚守、奔走呼号的热忱，让我们而今依然可以活态地认识理解这项历久弥新的高妙技艺，也为古老的建筑、斑驳的墙壁、塌损的棚顶重新注入活力。

他们就是官式建筑内檐棚壁糊饰技艺的传人们。

从20世纪80年代开始，官式建筑内檐棚壁糊饰技艺逐渐进入学者视野，一些相关研究论作相继涌现，如蒋博光先生的《明清古建筑裱糊工艺及材料》、王仲杰先生的《清代裱糊作》等，为官式建筑内檐棚壁糊饰技艺研究夯实基础。2002年，随着故宫百年大修拉开序幕，越来越多的糊饰相关史料被发掘整理，在实践的基础上，为官式建筑内檐棚壁糊饰技艺的研究提供更强有力的支撑，尤其从2015年起，古建筑文物研究性保护的新思路，让学者更紧密地参与到官式建筑的修缮工程中，也培养了一批官式建筑内檐棚壁糊饰技艺的研究者，王敏英、杨红、纪立芳等学者佳作频出。

但总体而言，官式建筑内檐棚壁糊饰技艺的研究仍属小众，比起大木作、彩画作等古建筑营建技艺，研究进程也相对迟缓，更是少有专著能以官式建筑内檐棚壁糊饰技艺与其传人为主题，系统性地梳理其历史、传承、材料、工艺、应用、价值等各个方面。

于是，便有了本书，试图以微薄之力稍许填补官式建筑内檐棚壁糊饰技艺的研究空白，并尽可能将严肃的学术研究以通俗的语言表达出来，以期待让更多的读者朋友可以认识和了解这项精美的技艺和它的传人们。若能让亲爱的您对官式建筑内檐棚壁糊饰技艺、对古建筑、对传统文化更添几分兴趣与关注，那更是值得笔者"鼓弦而歌之"的幸事。

目 录

01

从东北说起

东北往事

在中华大地的版图上，有这么一片区域，它地处北纬45°～55°之间，域内地形种类多样，既有如大兴安岭、小兴安岭、长白山这般的高大山脉，也拥有广袤的松嫩平原、三江平原；既有黑龙江、鸭绿江、乌苏里江、图们江、兴凯湖这样的大型河流湖域，也囊括了呼伦贝尔大草原。明洪武十四年（1381年），随着一纸圣令，大将军徐达带领军士们来到古榆关以东50里的一处险地。这里北依燕山山脉，南临渤海湾，往西便是一览无余的华北平原，距离京师也不过500里。为了戍卫京师，将士们遂即安营扎寨，筑城建关，一座被后世尊为"天下第一关"的关隘山海关由此始建。正是这座关隘，赋予了现今辽宁省、吉林省、黑龙江省及内蒙古自治区东部的区域一个新的名字——关东，也就是我们大家常说的"东北"。

说起东北那"嘎达"，土地肥沃，资源丰富，但要说出个共同特征来，"冷"一定是东北最显著的标签之一。

东北有多冷呢？北邻北半球冬季寒极东西伯利亚，呼啸而来的西北风穿境而过，最北部1月平均温度−20℃以下，较同纬度其他地区低15℃，冬季可达8个月。这是一个啥概念呢？这么说吧，咱们冰箱冷冻室的温度一般在−18℃左右。尤其到了冬季，因为纬度较高，日照时间短，使得东北地区的冬天格外寒冷而漫长。

东北的冰天雪地（模型）

在"御寒"这件事儿上，东北人民认真且富于智慧，贯穿了衣、食、住、行各个方面。单从"住"这一角度讲，东北先民们有的借助苫草或兽皮将居所层层覆盖用以防风保温；有的干脆借助土地的恒温性挖穴而居，形成地穴或半地穴式的居所"地窨子"。别看只是挖坑铺草，用现代的话来说，那是依托东北地区天然的林牧环境，对当地土地资源、动物资源、植物资源进行有机的整合与利用，将人类生产生活纳入循环经济体系中，实现绿色可持续发展。

当然了，在−20℃的冰天雪地里御寒可不能只靠着身上的那点儿热气儿硬挺着，还得找点儿持续稳定的热源，暖烘烘的土炕就成了一家人避风避寒惬意十足的港湾。所谓土炕，就是垒砌而成的中空土床，内部可以烧火，或与炊灶相连。另须配套设置烟道和烟囱，防止室内烧火导致一氧化碳中毒或避免被熏成大黑脸。

东北先民常用木头或茅草做屋顶，为了防止炕火烧得太旺飘出来的烟气引燃茅草，变成"冬天里的一把火"，让熊熊火焰烧了咱的窝，东北的烟囱不在屋顶，也不在房侧，而是被安置在距离屋子几米外的空地上。找一截中空的枯木，外面抹上黄泥，再用藤条箍成下宽上窄的塔形，立于地面，挖坑道与屋内炕炉相连。在满语里，"烟囱"的词音为"呼兰"。在了解到这一知识前，"呼兰"这个词汇在我心中颇为文艺，有一种茕立于风雪的冷傲与孤绝。自从知道了"呼兰"的意思是烟囱，舞台上的脱口秀大神，竟也如儿时的玩伴"二狗哥""臭小弟"一般亲切起来。

在东北，这种离屋三尺的烟囱还有个浪漫的名字，叫"跨海"，在"跨海"的烟道上往往铺着几处厚厚的草团，那是母鸡的育儿室，烟道下或还挖有几处浅坑，那是猎犬的安乐居。这样即使寒冬腊月，家禽家畜们也可以在室外逍遥快活，从而让人类暖烘烘的屋内环境更为干净宜居。

沈阳故宫"跨海"烟囱

说回土炕。我出生时，农村祖宅中早已通上暖气，未曾像父母那般对炕床习以为常。由此当我在陕北调研时，发现用餐的窑洞里竟设有一方土炕，自是惊喜异常。想象一下，当你从寒风中一头扎进屋子，在室外冻得有些僵硬的身体往炕上那么一坐，顿时熨帖的酥麻感自尾椎传遍全身，自然而然地就想脱鞋盘腿，恨不得瘫躺打滚，利用身体的每一寸肌肤霸占这份温暖。待得体内冰寒消融，奔波的疲惫仿佛也随寒气飘散，困意缕缕袭来，便只想赖在炕头做个自在神仙。

"赖床"这件事到了东北，可是光明正大，老少咸宜的正事儿。两宋之交，宋朝名将呼延庆出使金国，当他来到金王大帐中，被帐内的景象惊呆了，火炕在屋内围铺了一圈，人们吃喝待客，起居办公竟都在炕上，[1]将"赖床"进行到底。想来也是，屋外天寒地冻，普通大小的炕床哪够供给全屋的热量。何况漫漫冬日，不事生产，一家人全天都待在家里不怎么出门，如果哥哥占了座弟弟就没处去，那岂不是要天天打架了？烧一张炕是烧，烧两张炕也是烧，干脆将屋内

---

[1] [宋]徐梦莘撰：《三朝北盟会编》，上海古籍出版社，2008年版，卷三第17页："环屋为土床，炽火其下，与寝食、起居其上，谓之炕。"

东北三合院（模型）

南、西、北围成通铺，大家各有去处，互不干扰。朝鲜族的
民居则是将整屋都变成了"炕"，炕道盘桓其下，与现在的
地暖异曲同工。

坐北朝南，采光通透的大合院儿盖起来了，糊棚子的故事也由此开始。

"天棚"里的学问

　　在现代材料兴起之前，我们很少在东北见到真正意义上的平顶房，房顶大多是坡度较缓的斜面。特别是当三合院成为东北民居的主流户型时，房顶更是按照汉族传统民居中的硬山式样规范营建。这种屋顶在夏天不易积存雨水，有效延长了屋顶的使用期限，到了冬天更是大显神通。虽然下雪标志着严寒，但是积雪可是很好的保温材料，其保温的原理类似棉被或者羽绒服。不过别看雪花们轻轻柔柔，晶莹可爱，但积少成多，在100平方米的区域空间内，每一尺厚的积雪，其重量就能达到3.7吨以上，这几乎是一头成年非洲森林象的体重。想象一下，东北动辄齐腰深的积雪，要是全堆积在房顶，那分量无异于大象一家齐聚，不管是苫草顶还是砖瓦顶，都只有被"洞穿"的结局。因此，硬山顶在飘雪的冬日便显得格外重要，不光能帮助积雪"瘦身减负"，还不妨碍它均匀覆盖，守卫室内融融暖意。

但是这样的屋顶也有弊端。

我们都知道，由于热胀冷缩导致气体密度不同，热气自然向上升，冷气主动往下降。比起平顶，硬山顶使得屋内纵向多出了许多空间，在同等热量条件下，显然空间越大，"热气"越稀薄。再加上热气上升至屋顶后，和冷屋顶碰撞，并不会全部消散流失，而是会有一部分随着温差或人类活动产生的气流，在室内循环对流，起到保温的作用。空间越大，循环效率越低，循环时所散失的热量越高，保温性能

北方热炕头

也就越差。这就是为什么在寒冷的冬夜大家都更爱在小馆子里涮火锅，而少有人愿意到北风呼啸的室外烧烤的原因。

屋顶形状对室温的影响，在不太冷的地区还感受得不那么明显，大不了炉火再烧得旺些。但到了东北地区，这种影响在酷寒的衬托下成倍放大。可总不能把火炕烧成烙铁吧？所以只能想办法缩短层高，隔断热气与屋顶的直接接触，从而减少不必要的热量流失。

勤劳智慧的东北人民优选出了分割空间的解决方案。对于外部环境来说硬山顶很必要，但硬山顶下方的空间用处不大，相对平一点的屋顶更利于保温，那么在硬山顶的房子里再搭一个平顶不就行了嘛。这种"顶"在民间被称为"天棚"，或称"顶棚""吊顶"。给屋子吊顶这种装修理念南北方都有。除了具有如保暖、防潮、储物等实用功能，顶棚还可以将屋顶梁檩的各种不平整遮蔽，并通过在顶棚面绘制图案，装饰美化环境，所以顶棚又被称为"天花"。

有了设想，要想落地实现还必须考虑材料和方法。对于以保暖为主要功能的顶棚，必须密实不透风。而且作为一种应对地域环境的群体需求，选材还要尽可能地价格低廉、容

屋顶和天棚之间

易获取、结实耐久，操作工艺相对简单，易于推广。

通过漫长的实践和经验总结，人们还真找到了完美契合的材料与方法——以木条或秫秸秆作骨架，以纸张、绢布作封闭材料，以浆糊作为黏合剂，用浆糊将纸张等面料糊贴在骨架上。这种方式被称为"糊棚"。而这种通过"糊"的方式对建筑内部环境进行装饰的技术，则被称为"糊饰"。

用作支撑的骨架在建筑装潢领域有个专称，叫"篦子"。没错，和蒸包子的笼屉是一回事儿，都是起分割空间的作用。要是把屋子当成大锅，把房梁上窜来窜去的小老鼠们当作包子，好像这"篦子"也挺形象。糊棚的篦子不是支在地上，而是悬吊在房屋的椽梁之上。用木条或秫秸秆做篦子，在以木材作为主要建筑材料的中国传统建筑中，是顺理成章的事情。至于为什么不用木棍、木杆，那当然是因为太沉了；篦子的固定方式是悬吊而非直立，在地心引力的作用下，扒在屋顶上已经实属不易，还要背负着自身沉甸甸的体重，棍棍杆杆大呼"臣妾做不到"。

既然传统建筑偏爱木材，那为什么糊棚的封闭材料不用木板呢？从应用的角度来看，首先木板太沉了，被手机砸过脸的朋友们都知道，"板子"状的物体砸一下可是很疼的，而且手伸得越高，砸得越疼。想想晚上睡得正香，一根纤细的秫秸秆因为木板太重，又被调皮的虫虫和老鼠挠了挠痒痒，不小心松开了"小手"，那脱离束缚的木板便快活地从"高空"朝着你的鼻尖呼啸而来，那滋味，要多"酸爽"就有多"酸爽"。当然如果篦子够结实，木板够轻薄，定期驱虫，或者不怕"酸爽"，倒也可以忽略不计。

颐和园德晖殿秫秸秆笆子

但是，还会面临别的问题，比如，北方冬天相对干燥，再加上室内烧火，木板很容易开裂，而木板连接处的密封也很难做到完全贴合，这些都会直接影响棚顶的保温性能。更何况木板造价更高，更换起来也比较麻烦，不太适合普通百姓使用。与之相比，纸张、绢布等软性材料更加轻薄柔韧，通过浆糊粘连后密封性也很好，特别是造价便宜，方便易得，好修补，颜色刷涂也很容易。因此，纸张、绢布就成了制作天棚材料的首选。

而浆糊作为纸张、绢布的黏合剂在中国由来已久，毕竟在南北朝时期，就有利用浆糊进行书画装裱这一技术了。比起鱼胶、骨胶等传统黏合材料，浆糊好制作，原料也普通易得，最基础的版本只用面粉和热水就可以搅拌而成。其黏度应付纸张绰绰有余，而且味道也相对好闻。有的墨汁之所以闻着臭，就是因为里面添加了鱼胶而没有进行除味处理。要是居住在用这种胶糊饰的房子里，被臭味缠绕，那岂不是真正被"臭到家了"。

木条、纸张、浆糊，这简简单单的三样东西一组合，就解决了房顶漏风的大问题。

民间内檐棚壁糊饰技艺的诞生

说完棚，我们再来看看墙壁。

上文说到，在同等条件下，房间越小，保温性越好。糊棚的目的是通过分割房屋内的纵向空间，来缩小屋内空间以起到保暖的作用。那么，在传统建筑中，有没有横向分割建筑空间，用以实现室内增温保暖的营建技巧呢？

这话听着文绉绉，又是"横向"，又是"分割"的，让人一下子反应不过来，其实，用老百姓的话来说就是"打隔断"。也就是在大房间里隔出个小间，把小房间里布置得暖融融的，这样的小房间就是暖阁。

暖阁在我国的建筑史上至少可追溯到汉代。西汉朝未央宫有一暖阁："温室以椒涂壁，被之文绣，香桂为柱，设火齐屏风，鸿羽帐，规定以罽宾氍毹"[1]。瞧瞧，多会享受，拿椒泥涂墙壁，再挂上各种上好的针织皮草，脚下铺的还是进口地毯。这里的花椒用的不是我们炒菜用的花椒果实，而

---

[1] 何清谷校注：《三辅黄图校注》，三秦出版社，2006年版，卷三第183页。此书引《西京杂记》文，因《西京杂记》成书较早，原书可能在誊抄辗转中遗失了这段文字。目前只在稍后成书的《三辅黄图》中见此转述。

是花椒的花朵，拌在泥里，涂抹墙壁。[1]花椒的花不仅颜色漂亮，而且气味芬芳，还能起到防潮杀菌的作用，深受贵族喜爱，甚至西汉王朝"最大的地主婆"——皇后——的寝宫也都是以花椒来命名的，唤作"椒房殿"。

不过，虽然花椒本身具有"温而芳"的特性，但对暖阁来说，它的保温更多的还是要靠加厚的墙壁，以及针织、皮草面料，若阁内再设一方小炉，说小阁内春意盎然也不为过。随着科学技术的发展，暖阁的形制和材料也在不断地发生着变化。这个时候它已经不再是贵族的特权，而是轻轻松松地走进了寻常百姓之家，甚至入诗入画，成为处处能见的民间流行款式。"暖阁春初入，温炉兴稍阑"[2]，"暖阁熏香雪未晴，浅斟脸炙舞茵横"[3]。几字几句，就把"屋外寒风凛烈，屋内温暖如春"的场面展现了出来。

到了明清时期，关东地区把暖阁叫作"倒闸"，据说这是满语对暖阁的音译。可能是因为这里家家户户都有豪横的

---

[1] 林硕：《暖阁春初入　长遣四时寒——古代宫廷的取暖生活》，《北京档案》，2019（12）：47-49。
[2] 出自（唐）白居易诗《别春炉》
[3] 出自（明）木知府诗《冬日喜饮》。

大火炕，因此倒闸的功能也不再局限于居住，有的人家甚至仅用来烘热衣帽。烘热衣帽这个设计简直是会生活的典范，毕竟谁没有几次冬天起床被冰冷衣物冻得直打激灵的经历呢？倒闸的墙壁采用了天棚的同款制作方式，都是由木篦子糊纸制成，比起"花椒泥墙"，这种纸墙既能满足保暖的刚需，也有很好的透光性，使屋内环境变得更加敞亮，更关键的是省工省料，经济环保。

民房老屋里的糊饰

这种在木篦子上糊饰纸张制成的墙壁还有个简化版，就是更为轻巧，可以灵活开合或移动的木隔断。这种木隔断对于关外的人家来说，还有着更重要的作用，就是保护隐私。

从辽金时期，东北地区的人民就已形成了将火炕砌成环状，一家人睡大通铺的居住习惯。这也发展成了日后"三大怪"之一的"万字炕"，即将居室南、西、北三面的火炕连通，从而起到节省能源的作用。不过，西炕一般专门用于置物和供奉祖先，并不住人；卧室南炕一般住家中长辈，北炕住子媳晚辈。如果家中人口不多，就用北炕置物，全家同睡南炕。

这样虽然可以让一家人热热闹闹地聚在一起，但也会带来如何保护隐私的问题，而且会互相打搅，影响生活和睡眠。在这个时候，木隔断就派上了用场。木隔断不仅可以给家庭成员们各自分割出一处相对封闭的小空间，解决了隐私保护问题，而且轻便透光，想收就收，想挪就挪。在超级大地铺，也就是我们之前介绍的全屋地暖——朝鲜族传统民居中，亦有用纸糊饰的木隔断，被设计成拉门式，白天敞开，晚上闭合，成功地解决了室内空间的分割问题。

　　东北地区还通过糊饰的方式隔绝尘土。在东北，土是最重要的建筑材料，有用土和泥直接夯成的干打垒建筑，有用土混合草捆拧垒砌而成的泥草房。在这里，土为建筑

厨房与卧室之间的"推拉门"（模型）

带来保温效果的同时，也带来了尘灰问题。在有条件的人家，人们会用纸贴糊墙面或顶棚，以解决室内棚顶及墙壁的落灰问题。

写到这里，您肯定发现了，怎么说来说去都离不开东北、纸和糊呢？没错，正是东北地区的人民，对使用纸张裱糊棚顶、墙壁或隔断的需求与实践，为内檐棚壁糊饰技艺的产生创造了条件。

不仅如此，内檐棚壁糊饰还与北方民族的审美息息相关。东北的冬天又冷又长，天也黑得早，田间地头没活干，大家伙儿只能窝家里"猫冬"。这么一来，家里面的整洁、亮堂以及独具匠心的美学设计可就显得太重要了。要想让家里整洁亮堂，不光要多帮爸爸妈妈做家务，选择一片漂亮的壁纸也很重要。传统的糊饰纸张以高丽纸、皮纸、麻纸等白色为基色的纸材为主，在每年春节前，当地都有更换、修护棚壁及门窗纸张的风俗。这可以从视觉效果上让室内四周环境更加和谐、统一，提高室内亮度。有条件的人家会用浅色为主色调的印花纸裱糊墙面，印花图案有荷花、牡丹、寿桃等植物类的图案，也有回形纹、如意纹、宝相花等吉祥纹

有"年代感"的糊饰纸材

饰。还有用颜料在纸张上直接画饰的。

　　随着时代的发展，室内对自然光线的依赖降低，北方各民族与其他地区民族间的交流、交融加深，棚壁糊饰用纸的色彩也变得丰富起来，花花绿绿的大棉布，甚至报纸、广告纸都加入了裱糊纸材的队伍。🎕

02

糊棚技艺的"为官之路"

什么是官式建筑内檐棚壁糊饰技艺

在怕冷这件事上，可不分什么贵族平民。哪怕是自诩"真龙天子"的皇帝，北风一吹，也得"盘"在暖和的寝宫里。

当然，作为封建社会的最高统治者，衣、食、住、行等方方面面都得体现出皇家的尊贵来。而且为了维护森严的等级制度，从而强化皇室的特权，皇家的吃穿用度自有一套与平民百姓相区别的标准，这就是"官式"。顾名思义，"官式建筑"就是指按照官方规定的建筑标准，由宫廷建筑团队主导营建，服务于皇室及官僚系统的建筑。"内檐"是古建筑装修行当的专业术语，用以限定装修的区域为建筑内部，也可以简单理解为室内，与之相对的是"外檐"。而"棚壁"既是对装修区域的进一步定位，包括官式建筑中室内的墙壁、门、窗、隔扇及天花板部分，又是对装修手段"糊饰"的内容进行的划分。在前文中，我们已经了解了糊饰是一种通过糊贴的方式装潢建筑的技艺，那么，组合起来，官式建筑内檐棚壁糊饰技艺的概念便呼之欲出：它是古代皇家敕建的建筑内，使用纸、绢等软性材料裱糊装饰墙面、门窗

沈阳故宫崇政殿外檐彩绘

及棚顶的工艺技术。官式建筑内檐棚壁糊饰技艺包括官式建筑内檐棚顶及墙面糊饰技艺、官式建筑门窗封糊技艺、官式建筑隔扇心裱糊技艺及官式建筑内檐博缝技艺等技术。

当然糊饰大家庭中不仅包括糊棚壁，还包括糊匾联和糊贴落，后两者称作内檐装饰性书画糊饰。而"裱糊"行当就更广博啦，不仅包括糊饰，还包括我们熟知的书画装裱、纸扎、囊匣糊裱等。不过本书中所指的官式建筑内檐棚壁糊饰技艺特指官式建筑中，裱糊棚顶与墙面的技术。

诞生于明清的3个理由

那么，这项技艺是什么时候进入宫廷内苑中的呢？

关于官式建筑内檐棚壁糊饰技艺的传入时间，学术界目前有几种讨论。有的专家学者认为这种对棚顶、墙面的糊饰是一项满族特有的风俗传统，随着清军入关，被统治者带入紫禁城中，经过规范和完善后形成了特有的官式建筑内檐棚壁糊饰技艺。也有专家认为虽然清代后妃寝殿的天花板多为糊饰做法，而明代宫殿中多为油饰彩画，但这并不意味着官式建筑内檐棚壁糊饰技艺就是清代独有的，只能说是比较流行。

之所以把时间定位在明、清，而不是更早的汉、唐、宋、元，一方面是因为从史料上看，已被发现的官式建筑内檐糊饰棚壁多集中于清代中晚期，康熙朝以前的实物寥寥无几。目前所发现较早的一处实物史迹来自北京故宫养心殿。2015年底，养心殿研究性保护项目正式启动，研究人员在对养心殿东西暖阁顶棚的勘查过程中，揭开棚顶糊饰的纸张，透过箅子的孔洞，发现在顶棚内部竟然还藏着一个棚顶，同样是糊饰做法。但令人惋惜的是，内棚上裱糊的纸、绢已经被当时的工匠拆除干净，只零星残留了几处，这几处残留上精美的彩画宣告着曾经的存在。通过复原图案与史料钩沉，研究人员判断出上面所绘制的莲花水草彩画带有明显的明代特征。但因为缺乏对照，很难确定内棚天花建造的具体年代，只能说有可能是明代末期。

至于明代以前的官式建筑内檐糊饰棚顶、墙面的实物，至今尚无发现。由于糊饰的材料为纸、绢等软性材料，比起木头、石材，显然更容易被鼠咬虫蛀，或者遭人为破坏。何况糊饰的目的是为了保暖，属于日常消耗品，这可和同为纸绢材料的书画收藏品不一样，不仅不会被小心存放，还要经历风吹日晒和复杂的干湿环境变化。要是哪天被皇帝看不顺眼了，他可不管后人会不会把糊饰当文物，反正是自己家的棚壁，心情不好，换！心情好，也换！在更换棚壁的过程

糊饰残迹

中，也常有为了翻修效果而清除旧有棚壁的修缮习惯。这些都导致了早期糊饰文物资料的极度缺失。

官式建筑内檐棚壁糊饰技艺的诞生，与社会生产力以及经济的发展息息相关。虽然从汉代起，我国就诞生了造纸术，但直到明代以前，纸张的生产技术和产量都不足以使它进军家装材料领域。要知道，糊饰所需要的纸张量可是海量的，尤其对于官式建筑来说，所使用的纸张又要质量好，还得长得美。而且皇帝的房子那么大，要想起到足够的支撑作用和耐久性，棚顶最少都得糊六层。何况糊饰可不是为了什么江山社稷的大事儿，纯粹是为了住得舒服些暖和些，那皇帝就不可能只给自己糊不给老妈糊，给老妈糊了也得给老婆糊，还要给兄弟糊，给大臣糊，糊一次隔不了几年又得重糊。就算皇帝再怎么有钱任性，没有生产力基础也不能凭空捏造糊饰建筑。直到明清时期，手工业的蓬勃发展才为官式建筑内檐棚壁糊饰技艺的产生提供了物质基础。但哪怕到了物产丰富的"康乾盛世"，皇帝都要抠抠搜搜，琢磨着用糊天棚剩下的纸来糊窗户或者博缝呢。

将官式建筑内檐棚壁糊饰技艺诞生的时间锁定在明清时期的第三个原因，来自民族文化习惯。在前文中我们已经了解到，内檐棚顶、墙面糊饰和东北有很深的渊源，可以说是关外北方民族，为了应对酷寒自然环境，与自身文化习俗相融合的集体智慧。在雍正朝颁布了官式建筑规范《工程做法》，这是古代中国由官方发布的建筑规范，其中首次出现内檐棚壁糊饰做法。这也是很多学者猜测官式建筑内檐棚壁糊饰技艺是随着清朝统治者征伐的脚步被带入紫禁城中的一个重要因素。

不安装棚顶的"彻上明造"屋顶

老朱家的故事

至于明代的情况，还要从朱重八的创业史说起。

明太祖朱元璋，曾用名朱重八，出生于安徽凤阳。老朱的一生很是励志，出身寒微，父母双亡，出家，还俗，半生戎马，开创大业，可谓传奇。彼时他高歌猛进，距离一统天下已经不远。1366年初秋，朱元璋意气风发，准备拔除江南最后一个"刺儿头"张士诚。或许是因为觉得胜利在望，朱元璋派遣自己的顶级智囊团刘基等人，回到自己盘踞十年的老巢南京建造"大内宫殿"。三年后（1369年），已是"真龙天子"的朱元璋难忘家乡，下令定凤阳城为中都，并要求按照大内宫殿的样式开始搞建设。然而凤阳毕竟基础薄弱，难以承担国都重任。于是，洪武八年（1375年）九月，朱元璋终于决定把都城定回南京，可南京的宫殿已经配不上"如日中天"的大明王朝，朱元璋一声令下，推倒重建。两年后，南京皇宫建成了。然而，朱元璋万万没想到，自己为了给乖孙朱允炆铺路，把一帮打江山的老兄弟砍杀个精光，导致乖孙被四儿子朱棣找上门算账时无将可用，拱手让江山。还好小朱和小小朱都是老朱家的子孙，没有让大明王朝改作他姓。只不过，小朱念念不忘自己的发家地北京，带着文武百官千里迢迢搬了家。北京成了明朝的第三座都城，北京紫禁城由此而建。

在明代三座都城中，北京紫禁城的形制"悉如南京"，明中都的形制又"如京师（南京）之制"，这样一来似乎破解明代官式建筑形制的关键被锁定在了南京皇宫上。那么，南京皇宫是什么样子的呢？这里不得不提到一本书——《营造法式》，这是北宋官方颁布的建筑设计、施工专书，北宋统治者的宫殿、庙宇等官式建筑，基本都是按照这本书的制式营建的。300年后明朝统治者在建造南京皇宫时同样沿袭这些制法。

而《营造法式》中没有"软天花"的概念，只有平闇、平棋和藻井三种天花制式。平闇和平棋就是或原色或装饰后的"井口天花"，虽然在装饰的过程中也会使用一些胶黏剂，但是和用软性材料满铺平面的糊饰完全不是一回事儿。而且就算老朱偏偏要在宫殿的棚壁上搞创新，可南京炎热潮湿的气候也不允许老朱拿纸糊墙，不然就算老朱不怕闷热，墙壁自个儿就要潮得发霉了。

这么看来，尽管南京皇宫损毁早已"死无对证"，但是我们基本上可以判定明初的官式建筑中使用糊饰棚顶、糊饰墙壁的可能性不大。即使迁都北京后，因为营建宫殿的工匠

沈阳故宫大政殿藻井

大多来自江南，又有"悉如南京"的帝命，所以也很有可能
在营建之初是没有这项技艺的。

后来，随着民族的交流与融合，尤其到了明朝后期，在

贸易和战争的推动下，棚壁糊饰技艺也许能先爱新觉罗氏一步，入驻紫禁城。然而要证明这些，还需要更加耐心地等待与发掘。🌸

03

清代：高光时刻

风云裱作两百年

转眼到了清代，这是官式建筑内檐棚壁糊饰技艺的高光时刻。由皇帝亲自带货宣传，并倾情担任设计总监，不仅如此，还屡屡"提携"，让这项名不见经传的小手艺"留名青史"，在《工程做法》《钦定大清会典事例》等"国字头"档案文书中都能看到它的身影。其从属的"裱作"，更是首次被写入官式建筑营建行当的"族谱"中。

裱作就广义而言，是指一切使用浆糊粘贴装潢的工艺技术，包括糊饰门窗、书画装裱、棚壁糊饰、纸扎等。裱作的历史至少可追溯到南北朝。在我国第一部绘画通史著作《历代名画记》中，作者唐朝人张彦远把"装裱之父"的头衔，颁发给南朝宋国著名史学家范晔。虽然目前的研究尚无法证明糊饰门窗等技术的具体诞生时间，但至少在唐代时，裱作已经发展到了相当成熟的阶段。

而狭义的"裱作"则特指清代自顺治十二年（1655年）始，至清王朝覆亡前，设立的专门从事官式建筑糊裱类工程的匠作机构，涵盖棚壁糊饰、书画装裱、门窗隔扇裱糊、囊匣裱糊制作等领域，甚至乾隆二十年（1755年）后还囊括了画工和广式家具制作匣裱作，内容十分广泛。

清代裱作大事纪表

时间	事件	出处	历史意义
顺治十二年（1655年）	养心殿东暖阁设立裱作	内务府档案："顺治十二年于养心殿东暖阁设裱作。"[1]	裱作设立
康熙十九年（1680年）	武英殿设立造办处，专事修书	《钦定大清会典事例》："康熙十九年奉旨武英殿设造办处。"[2]	裱作由书画装裱向造办机构过渡
康熙三十年（1691年）	裱作由养心殿东暖阁移至南裱房。养心殿造办处机构正式设立	《钦定大清会典事例》："（康熙）三十年奉旨东暖阁裱作移在南裱房，满洲弓箭匠亦留在内，其余别项匠作俱移出，在慈宁宫茶饭房作造办处。"[3]	裱作正式成为养心殿造办处常设机构，且受到皇帝重视
康熙三十二年（1693年）	造办处设立作坊	《钦定大清会典事例》："（康熙）三十二年造办处设立作房。"[4]	裱作机构更加完善

[1] 郭威：《清宫御制文物述略》，徐斌，许静，郭威：《清宫收藏与鉴赏：故宫博物院〈天府永藏〉展图论》，故宫出版社，2012年版，第136页。

[2][3][4] [清]昆冈等纂：《钦定大清会典事例》，卷1173。

续表

时间	事件	出处	历史意义
康熙四十七年（1708年）	裱作作坊搬迁至武英殿	《钦定大清会典事例》："（康熙）四十七年奉旨，养心殿匠役人等俱移于造办处。"[1]	裱作机构与作坊分开，管理更为完善，标志着裱作发展进入繁盛期
雍正十二年（1734年）	清工部《工程做法》颁布	《工程做法》："裱作做法开后计开隔井天花用白棉榜纸托夹堂，苎布糊头层底……"	裱作有了明确的工艺规范
乾隆二十年（1755年）	匣作、裱作、画作、广木作合并一作	《造办处则例》："乾隆二十年三月奏准将本处二十八作择其作厂相类者归并五作，将匣作、裱作、画作、广木作并为一作……"[2]	裱作的内涵再次扩大
乾隆二十六年（1761年）	设立总理工程处	《钦定大清会典事例》："乾隆二十六年奏准设立总理工程处，遇有内庭及各园庭热河等处行宫工程，奏请钦派勘估大臣估计银粮，由勘估大臣奏请钦派承修大臣，工竣后由承修大臣奏请钦派大臣查验。"[3]	裱作营建工程有了相应的工程管理制度和机构，标志着裱作工程的专业化、体系化、制度化。

---

[1][3]　[清]昆冈等纂：《钦定大清会典事例》，卷1173。

　[2]　吴兆清：《清代造办处的机构和匠役》，《历史档案》，1991年第4期。

时间	事件	出处	历史意义
嘉庆十一年（1806年）	裁撤裱作虚衔	《钦定大清会典事例》："（嘉庆）十一年，奏准造办处虚衔顶戴共五十八人……匣裱作留顶戴副司匠一人……余俱裁汰。"[1]	裱作规模缩减
1912年	宣统退位		裱作机构的瓦解

在裱作的发展史中，我们发现几个有趣的时间节点。

从顺治元年（1644年）清军踏入紫禁城，到顺治十二年（1655年）成立裱作，这中间的十二年，顺治帝修律令、扩版图、整宗亲，还得和多尔衮斗心眼儿，再定好一些礼法制度，大清帝国终于进入有序的运转当中。皇帝也腾出手来，存了闲钱拾掇拾掇房子。于是，召集亲王大臣协商，着手修建乾清宫、景仁宫、承乾宫、永寿宫。同年，裱作建立。

这中间有什么联系呢？我们知道，清军入关后没有把旧

---

[1] [清]昆冈等纂：《钦定大清会典事例》，卷1173。

王朝的宫殿一把火烧了重建，而是十分环保地选择"拎包入住"。

上文提到的这几座宫殿都是历经风雨的"古董"，有的甚至从明初营建完工后，再没有进行过大规模的修缮养护。这种"长寿"和"坚强"的木构建筑很有可能出现室内环境阴冷、潮湿，局部发霉、虫蛀，墙壁歪闪、开裂，棚顶脱落等情况。更何况为了体现皇室的威仪，宫殿要比普通人家建造的房屋高大许多，要是偶尔在此办公或是设宴，还能让人感觉视线开阔、心情舒畅，但要是作为日常起居的卧室、书房，对于住惯了帐篷、糊饰暖阁的清朝统治者来说，可能就要嫌弃顶棚太高，走风漏气，影响睡眠质量了。

不仅如此，顺治十二年（1655年）修缮的这批宫殿还全部深居后宫，并且地位颇高。乾清宫是顺治帝的书房兼办公室，景仁宫是康熙帝的出生地，承乾宫住着顺治帝最宠爱的董鄂妃，永寿宫居住的恪妃是顺治帝后宫中有重要政治地位的唯一汉族女子。这时，裱作建立，让我们不得不展开联想，裱作初创或许与皇帝想要改善起居环境有一定关联。

不过，在裱作成立之初，除有可能进行的糊饰活动，

清早期的彩绘软天花

更多见诸档案的业务，应该是书画装裱类的工作。到了康熙三十年（1691年）之后，随着内务府造办处逐步建立完善，裱作的机构设置也逐步完善。雍正十二年（1734年），《工程做法》颁布，标志着裱作工艺技术的成熟，施工也进入流程化作业的阶段。而乾隆时期，裱作机构业务扩大，管理规范，一切都在向着兴旺发展。

直到嘉庆十一年（1806年），裱作成立150年后，首次出现缩减。

嘉庆帝在位期间着重整顿吏治，这是此次裱作"裁撤虚衔"进行缩减的直接原因。更深层次的缘由在于清王朝刚刚经历了长达九年的战乱（白莲教起义），清王朝走向衰落，而裱作的发展正与国力的兴衰紧密地联系在一起。之后，鸦片战争、太平天国起义……一场又一场的战事接连而起，清王朝在内忧外患中逐渐衰亡。同样的，裱作作为清王朝内廷糊裱行当最高造办机构也在一步步缩减，最终随着清王朝的彻底覆亡而终结。

糊饰：清宫里的"四好少年"

尽管如此，对于官式建筑内檐棚壁糊饰技艺的发展历史来说，由于受到前所未有的关注，因此在清代，所呈现出的特点都是繁盛而昂扬的。

比如，在清代，官式建筑内檐棚壁糊饰技艺的施工非常规范。这种规范既包括工艺流程的规范，又包括施工制度的规范。我们之前提到了《工程做法》，是官式建筑内檐棚壁糊饰技艺第一次在"国字号文件"中被规范。此后，清政府陆续颁布《工部工料则例》《工部现行则例》等多部文件，包括清末光绪年间颁布的《圆明园内工则例》，都对官式建筑内檐棚壁糊饰技艺的工艺要求、工序步骤、用工、用料等方面做了十分明确的规定。

在清代，官式建筑内檐棚壁糊饰项目的实施有一套非常完善的制度。一个项目要落地首先要经过严格的申报、审批流程，施工时配备库掌、催长、委署催总等专职岗位负责组织管理，还设置了专有部门负责项目各阶段的验收。施工的全部过程，以及用工、用料、人员信息等都要记录在册。

这架势几乎和我们现代的施工制度十分相似，甚至更加严格，谁让工程的最大甲方是皇帝呢？皇帝不仅有权有势，还热衷于参与到工程的各个工序中，专门负责指手画脚。这不，当"养心殿棚壁糊饰小组"热火朝天地推进工程时，收到他们的大老板"咸丰总"百忙之中发来的"邮件"："前次传养心殿东暖阁糊绿团龙纸，今着改糊本纸，要好，其东暖阁通西暖阁夹道满糊本纸，再西暖阁等处，着按原糊纸张样式找补糊饰。[1]"瞧瞧，大老板时刻关注着项目进展，还亲自规划设计，虽然时不时地改改方案，但无论出于邀功或敬畏的原因，大臣和匠人们都只会更加卖力。而在这样高质量、高效率、有制度、有法度的工程监管下，官式建筑内檐棚壁糊饰技艺有关工程施工的规范性也得到了保证。

同时，清代的官式建筑内檐棚壁糊饰质量上乘。当然了，这主要是因为服务对象的特殊性。传承人王敏英曾在北

"咸丰总"御笔"戒急用忍"

[1] 出自中国第一历史档案馆馆藏《活计档》胶片29号。

京故宫倦勤斋的修缮施工中发现有些位置残留的糊饰是由十余层桑皮纸加印花纸的组合叠加形成的。也就说明了，这些区域的糊饰棚壁，在原有棚壁的基础上，经历了多次的加纸翻新。这样"不揭旧"的加纸翻新方式，对上一次糊饰的质量要求十分苛刻，除了自然老化外，一点儿崩、裂、起皱等瑕疵都不能有，可见清代官式建筑内檐棚壁糊饰技艺质量的卓越。

要想达到如此高绝的质量，一方面依赖于清代官式建筑内檐棚壁糊饰技艺用料的考究，另一方面则是缘于清代裱作匠人糊饰技术的高超。清代，随着生产技术日趋成熟，造纸业蓬勃发展，纸张进入建筑装潢领域。而皇宫内院的糊饰用料更是精挑细选。故宫博物院曾在修复倦勤斋时，对倦勤斋糊饰棚壁所使用的高丽纸做过检测。结果表明，这种乾隆年间生产的纸张，在历经200多年后，其抗张强度、耐折度、撕裂度依然达到了惊人的3.47kN/m、6914次、5.55×102mN。[1]为了更直观地理解这组数据的内涵，大家可以拿手边的打印纸撕拉感受一下，它的抗张强度为

---

[1] 数据来自曹静楼，吴钟，常洁：《仿乾隆高丽纸的工艺研究》，《传统装裱技术研讨会论文集》，故宫博物院、中国文物保护技术协会，2005:16。

39.62N/m，耐折度大概42次，撕裂度只有8.9mN。[1]与乾隆高丽纸相比，可谓百倍差距。

毛茸茸的纸纤维

再加上清代内务府造办处的裱作作坊里，会聚了天南海北最优秀的一批匠人，使得官式建筑内檐棚壁糊饰技艺汲取了各地、各民族在裱糊技艺上的优秀成果，产生如"梅花盘

---

[1] 数据来自黄宝锋：《非木浆配抄彩色打印纸的研究》，大连工业大学硕士论文，2010。

布""撒鱼鳞"这般颇具科技含量的工艺技巧，为清代官式建筑内檐糊饰棚壁的质量保驾护航。

不仅如此，在清代，官式建筑内檐棚壁糊饰技艺的品类十分丰富。在《工程做法》中详细介绍了隔井天花、海墁天花、顶隔梁柱、木壁板墙、柁木装修墙壁、白樘篦子支墙、镞花等不同样式的裱糊做法。

更为难得的是，在清代，官式建筑内檐棚壁糊饰技艺传续良好。清代皇宫里承接棚壁糊饰工程项目的主要有造办处与工部。内务府造办处，也就是之前提到的裱作，是专供皇家的造办机构，网罗了全国各地的能工巧匠，而且裱作作坊常驻宫中，干活方便，因此承担了大部分的糊饰活计。尤其是一些技术含量较高，或是日常性的修补营建工作。清朝皇宫，通常在每年的秋后入冬前这个时间段，对宫内屋宇进行查修和养护，称为"岁修"。当工程内容相对复杂时，还会与内务府其他造办机构联动，比如重新搭建白樘篦子会联动小木作，涉及棚壁彩绘时会联动彩画作与如意馆等。

但当工程量浩大，造办处人手不足时，就要请出工部营缮司的营建团队了。举国范围内的造作事务俱是由工部掌管。工部营缮司下辖的官方营建团队不仅技术精湛，而且设施齐全，人手充足。在宫廷匠人的鄙视链中，有裱作细活、工部粗活这么一说。实际上很多重大的工程反而是由工部团队营建的。

皇帝"招工"，待遇从优

官式建筑内檐棚壁糊饰技艺能在清代得到非常好的传承，离不开清代宫廷岁修制度的反复练习。而且作为服务于清代皇室起居的技艺，与娱乐性技艺相比，糊饰具有更高的使用频率和常设价值。所以即使到了宣统时期，清王朝已经风雨飘摇的情况下，裱作依然存在。

在培养裱作传承人方面，连皇帝都没闲着，亲自过问裱匠的授徒情况："（雍正）十二月廿三日，宫殿监督领侍苏培盛传旨，着拣选小苏拉二名与李毅做学徒，钦此。"[1]档案中提到的李毅是雍正与乾隆时期在内务府造办处当差的裱匠，生于江宁，手艺高超，颇受皇帝赏识。"苏拉"是满

[1] 纪立芳、方道：《养心殿区域清宫内务府裱作档案述略》，《故宫博物院院刊》，2020(10):166-179+346.

王敏英在修裱书画作品

语散差的意思，也就是清朝贵族家中的私人奴仆或杂役。雍正帝挑选家奴给装裱大师做学徒，这可是明晃晃的偷师和培养。由此也可以看出皇室有意推动裱糊技艺的交流与传承，并倾向性地培养旗匠和家内匠人。

旗匠、家内匠人，以及李毅所代表的汉族匠人就是内务府造办处裱作工匠的主要来源，也是清代官式建筑内檐棚壁糊饰技艺的主要传承者。

工匠中的满族与蒙古族旗人子弟，合称为"旗匠"或者"官匠"。旗匠们将曾经家传的北方民族棚壁糊饰手艺应用到宫廷里，是官式建筑内檐棚壁糊饰技艺得以发展的基础。并且因为"旗人"身份，在匠人团队中，旗匠通常被皇家视为心腹，尤其在棚壁糊饰领域往往被重点培养，掌握着官式建筑内檐棚壁糊饰技艺的核心技术。

家内匠人，就是像小"苏拉"这样私属皇帝的家仆匠人。家仆在满语中称为"包衣"，因此家内匠人又被称为"包衣匠人"。清朝旗制中，正黄、镶黄、正白三旗是由皇帝亲自统领的，他的家仆团队也多出身于这三旗。在封建君主专制的统治之下，"包衣"意味着忠诚、好使唤。棚壁糊饰的活计相对脏且辛苦，而没有自由身份与意志的包衣匠人，就成了承担脏活累活的最佳人选。

还有一部分匠人经由内务府招募，或者各地官员选送入宫。他们主要来自手工业相对发达的南方地区，而且民族也多以汉族为主，所以被称为"南匠"或者"汉匠"。裱作行当的南匠大多是书画装裱领域的大腕儿，虽不曾接触棚壁糊饰技术，但当他们千里迢迢来到京城，在皇室有意地推动下，源源不断地将自己在糊贴领域的经验与技巧融合进棚壁糊饰之中，是官式建筑内檐棚壁糊饰技艺能发展到如此高技术水平与工艺质量的领航者。

丰厚的待遇是提升匠人传承官式建筑内檐棚壁糊饰技艺积极性的重要手段。从这点来看，清朝的皇帝们可是够意思得很。尤其对于南匠，为了吸引人才，皇室开出了高工资。据档案记载，这位来自江宁的李毅师傅每月有十二两的工钱，要知道大观园里的王熙凤的月例都只有五两，而且皇室还给分房子、给编制，活干得好了，皇帝一高兴还有各种奖金福利，甚至还能领到服装费和伙食费。

相对来说，旗匠的待遇就普通多了，但那也分和谁比。

比起普通百姓靠天吃饭的随机收入，给皇帝干活在当时就是
稳定的"铁饭碗"，每月有二两银子的工资，还可以领到羊
肉、豆腐、青菜、煤、炭等福利补贴，而且习得了安身立命
的技术，开阔了眼界，提升了审美，锻炼了情商，再加上内
务府设置了晋升渠道，吊足工匠胃口。这样的待遇对于普通
旗人子弟还是很具有吸引力的。🌸

04

民国以来那些事儿

流落民间的裱糊匠

1912年，溥仪正式宣布退位，延续两千多年的封建王朝统治就此结束。不过，清代皇室宗亲的封建礼制和人事关系还小范围地保留了一段时间。作为退位的优待条件，溥仪仍被允许暂时居住在紫禁城中，每年还能收到一些银两以供开销。虽然不复往日的奢靡，但也足以应对日常生活所需。而裱作因为与皇室起居息息相关，也被保留了下来。我们甚至能在《活计档》查找到"宣统十六年"，也

官式建筑中的西方纹饰

就是清王朝覆亡后的第十三年，1924年，皇室顶棚修缮的记录："为请给裱糊休息室东房间顶棚需用洋元事致银库。"[1]只不过原来"养心殿""东暖阁"的称呼变成了"休息室""东房间"，原来支取的"银两"也变成了"洋元"。

对于大部分的宫廷裱匠来说，随清王朝衰败与覆亡而来的，就是下岗失业。作为家中顶梁柱，失去收入来源，意味着一家老小的生活难以维持。所幸，民间裱糊业的繁盛，接纳了这批优秀的退役官匠，让他们即使流落民间，也能找到养家糊口的生计。

当时，摆在裱匠面前的有两条路，去冥衣铺或者自立门户。

中华人民共和国成立前，冥衣铺非常盛行。在1936年刊发的《冀察调查统计丛刊》统计报告中，截至1935年底，仅北平城内，冥衣铺数量就有173家，共拥有资本8605元。到了1940年，《新民报》统计中，北平的冥衣铺数量

---

[1] 第一历史档案馆《活计档》档号06-01-001-000688-0312。

更是暴涨到281家。[1]

出于同属裱糊行当的原因，冥衣铺通常为家族企业，或者兄弟联营，一边经营纸扎纸活，同时也承接民间棚壁糊饰的工程。这就为一部分宫廷"转业"的裱匠提供了"再就业"渠道。而且因为出身宫廷，手艺相对出众，再加上百姓对曾经统治阶级的好奇与崇拜，这些"公转民"的裱匠十分受市场欢迎。在老北京城西四牌楼处有一位名声大噪的裱糊匠刘永祥，人送称号"裱糊刘"，正是清宫裱匠在清廷覆亡后于民间冥衣铺"再就业"的代表。

还有一些不愿意进入冥衣铺的宫廷匠人，则自立门户，承接一些棚壁裱糊的生意。这批裱糊匠多为满族子弟，他们接活的过程十分讲究。谁家要是有糊棚的活计想招裱糊匠人，是不能直接去工匠家找人的，而是要找专门做攒活中介营生的"承头人"，说清需求，再由"头儿"去茶馆里"请"匠人。没错，是茶馆。这些裱糊匠可不会急吼吼地在烈日下四处奔波，应聘工作，而是端坐茶馆里喝茶、聊天、

---

[1] 数据来源：北京市地方志编纂委员会编著：《北京志 综合卷 人民生活志》，北京出版社，2007年版。

看风景，等着生意上门，颇有种姜太公钓鱼的自在。并且，和这些匠人面谈工钱是极为失礼的，所有协商佣金的"俗活儿"都由承头人代劳。可见即使清王朝已经覆亡，这些曾经服侍过皇帝的裱匠依然维持着一丝傲气，而当时的社会也对这些曾经的"官爷"保有一定的尊重。

"民间""官式"找异同

从官式建筑内檐棚壁糊饰技艺的内涵来看，这种宫廷裱匠的民间转业棚壁裱糊法并不能算作官式建筑内檐棚壁糊饰技艺的延续。一方面所糊饰的对象不再是官式建筑，另一方面民间糊棚的工艺技术也远远达不到官式建筑内檐棚壁糊饰技艺的水准。

诚然，民间不乏财力雄厚者，愿意为家居棚壁装修砸钱。但是，对于大部分的百姓而言，选择棚壁糊饰的驱动力主要来自其超高的性价比，至于美观等都属于锦上添花。因此，民间棚壁糊饰所使用材料相对廉价易得，制作技艺也相对简便。

通常，民居糊饰顶棚并不搭建白樘篦子，而多以秫秸

民间做法常用腋刷

官式做法多用棕刷

秆作为支撑骨架，青海地区甚至使用麻绳绑在钉上作为棚架。这也就意味着棚架承重有限，所以在工艺工序上就省去了官式做法中合纸、多次通片等环节，一般民居中的顶棚、墙面最多糊饰两层。而且，像"梅花盘布"这种费工费时的手艺在民间并不适用，民间棚壁糊饰多采用平贴法，也就是从顶棚的一处起头，然后纸材一张接着一张平贴铺满顶棚、墙面。当然，这也就导致了民居中的糊饰棚壁耐久性不高，更易损坏。但待棚壁歪闪严重后重新安装秫秸笆子的成本大大低于使用"撒鱼鳞""膨沟"等高端技艺修补棚壁的成本，所以精打细算的普通人家自然会选择前者。何况，没有皇家特供的纸张来源渠道，民间裱糊所用的纸张多是报纸、麻纸或者劣质皮纸，这也会影响到糊饰所使用的工艺和工具。

由此看来，民居糊饰的思路是和官式做法不同的两套系统，比起宫廷手艺的"面面俱到"，民间糊饰技术的核心紧紧围绕简单、实用、省工、省料的目标，迸发出其极具生命力的独特风采。

内檐棚壁糊饰民间做法、官式做法比较

类型	项目	民间	官式
材料	支架	秫秸、麻绳等	白樘箅子
	背纸	麻纸、报纸、皮纸	高丽纸、白榜纸、白栾纸
	面纸	花纸、报纸、大白纸	银印花纸、白栾纸、连四纸
	黏合剂	小麦面粉浆糊	防蠹小麦淀粉浆糊
工具	刷具	腋刷、棕刷、笤帚	棕刷、排刷
工艺	张贴方式	平贴法打底	扒登、补登打底，通片加固
	找平工艺	不详	撒鱼鳞、膨沟

*注：本表只做概念性比较，用以直观感受两种工艺区别，实际应用中的糊饰工艺更加丰富，如有些地区糊棚使用的浆糊会掺入火碱，或使用去面筋的"登面"等。

　　但不可否认的是，随着宫廷裱匠的流出，官式建筑内檐棚壁糊饰技艺对民间，尤其是北京地区的糊饰技艺和糊饰审美偏好产生了很大影响。

比如，民国时期，北京的糊饰棚壁有一种叫"白秆"的秫秸秆棚架样式，即在秫秸秆上裹缠白纸，从而方便秆与棚面纸张的黏合，这有一点像官式建筑内檐棚壁糊饰技艺中的揉浆工序。再如，北京地区顶棚糊饰有两种造型，平棚和"一平两趄"式，在官式做法中也有这两种顶棚造型，其中"一平两趄"式又称为"三锭"做法。

在材料方面，有条件的人家也会选择一些与宫廷用度形似的"减配版"来过过瘾。比如，连故宫里都省着用的从朝鲜进口的超长楮皮纤维高丽纸，民间自然是很难获取的，不过民间有多种不同桑皮纤维含量的皮纸，也冠以"高丽纸"的名号广泛应用。虽不如宫廷高丽纸那般结实，但也比普通麻纸柔韧白亮。再如，在后妃寝殿棚壁上大面积使用的银印花纸，老百姓也找到了"平替"版本。当时，安徽的印刷厂经常能收到来自京城的订单，订购自家生产的银印花纸。位于西单牌楼的纸铺老字号同懋增南纸铺，还因为售卖的印花纸质量上乘、品种丰富而深受老北京人推崇。

但随着现代化的推进，水泥、石膏变得稀松平常，家居装潢有了更多选择，百姓不再依赖纸制棚壁实现住所的保暖与整洁。自20世纪70年代开始，民间棚壁糊饰的需求逐渐消失了，这也就意味着内檐棚壁糊饰技艺在民间的自主传承逐渐停滞。

从实物来看，自清末开始，一直到2000年以前，受经济、政治、战争、人民生产生活水平以及技术和观念等方面的影响，官式建筑内檐糊饰棚壁的质量差强人意，用料简陋。报纸、甚至编织水泥袋，都曾作为修缮的裱糊材料。白樘篦子也由于未做好防虫处理，已千疮百孔。

棚壁底层发现1973年的报纸

糊饰技艺焕发新生

不过值得庆幸的是，随着文物保护理念逐步深入，国家在有意识地组织官式建筑文物修缮的同时，也在对相关营造技艺进行挖掘与保护。

与书画装裱不同的是，内檐棚壁糊饰技艺的最高技术只在原清宫内流传。这也导致在清王朝覆亡半个世纪后，恢复这门技艺面临很多困难。为了满足对官式建筑内檐糊饰棚壁文物的修缮需求，以故宫博物院为首的文物保护机构广纳人才，从民间招收优秀的棚壁裱糊匠人，以及原清宫匠人的后代，通过匠人间的技术交流和前人对相关技艺的口述，尝试恢复官式建筑内檐棚壁糊饰技艺。与此同时，故宫博物院加大了对史料、残迹的研究力度，并在大量的研究和实践中，培养了一批官式建筑内檐棚壁糊饰技艺方面的人才。

从2002年开始，由于故宫博物院启动了"故宫古建筑整体维修保护工程"，官式建筑的修缮与保护问题得到了前所未有的重视。而2015年底，故宫博物院正式启动的"养心殿研究性保护项目"，更是让官式建筑内檐棚壁糊饰技艺焕发新生。不仅在古建部首次成立裱糊专项小组，对养心殿区域内包括内檐糊饰棚壁在内的各种裱糊残迹、文物和相关资料进行了历时两年的搜集、整理和研究，选拔、培训了一批修缮匠人，为官式建筑内檐棚壁糊饰技艺的有序传承注入了活力。

也正因如此，造就了像王仲杰、王敏英这样的大师，他们不仅手艺了得，极富经验，而且具备很高的学术研究能力，是传承官式建筑内檐棚壁糊饰技艺的中流砥柱。❀

05

给棚壁"看病"的"大夫"们

"专科门诊"与"诊疗天团"

给官式建筑内檐糊饰棚壁"看病"的习惯可不是现代才有的新鲜事。前文中我们讲述的"岁修"习俗，就是清代的皇宫匠人们给糊饰棚壁查漏补缺，做"定时体检"。而由此诞生的"撒鱼鳞""膨沟"等修补技术，则恰恰是糊饰棚壁专用的"治病良方"。

不过到了近现代，宫廷内殿的功能发生转变，糊饰棚壁从原本的日常生活用品一跃成为文物，轻易不能动。再加上受战争、社会变革等因素影响，技艺的传承一度中断。所以，为了更好地保护文物，符合现代社会的发展规律，我们的"官式建筑内檐糊饰棚壁专科门诊"有了更加细致的分工。

宏观来看，给官式建筑内檐糊饰棚壁"看病"的"大夫"可是个大团队，他们既包括相关文物和技艺的研究者，也包括该技艺的传承者与施工者，还包括文物和技艺的保护者，以及修缮材料的提供者等。

具体说来，官式建筑内檐糊饰棚壁相关文物和技艺的研究者，就是指在官式建筑内檐装修、宫廷裱作、裱糊材料等

王敏英在研究面纸印花技术

领域进行过研究的专家学者，其中有来自故宫博物院古建部的蒋博光、王仲杰、杨红、纪立芳，以及来自颐和园管理处的王敏英等专家学者。

传承者是指掌握官式建筑内檐棚壁糊饰技艺核心技术的工艺大师。对于所传承的技艺，他们不仅要知其然，还要知其所以然。面对各种复杂的破损棚壁，他们能凭借丰厚的经验与对技艺深入的理解，帮助文物呈现出原本的样貌。王敏英就是其中的重要代表。她浸淫于官式裱作糊饰领域40多年。在北京故宫、颐和园、承德避暑山庄等清代官式建筑中都能找到她的作品。

施工者则是承接官式建筑内檐糊饰棚壁修缮项目的工匠。他们是官式建筑内檐糊饰棚壁曾经与未来的直接缔造者，在一次次的培训和施工中，熟练掌握了官式建筑内檐棚壁糊饰技艺不同工序的操作方法。是他们忍耐着除尘时天棚顶簌簌滑落的灰尘，用辛勤的双手一点点刷浆、上纸，才能让我们在游玩养心殿、长春宫等建筑时，看到那些精美糊饰棚壁的昔日风采。

保护者是指官式建筑糊饰文物和糊饰技艺的保护单位。比如故宫博物院管理贮藏文物，组织修缮维护，研究档案资料，培养后继人才……还有以北京联合大学为代表的高校，设立了官式建筑内檐棚壁糊饰技艺的相关课程与实验室，为技艺的传承与发展输送新鲜血液。当然，格局再打开一些，如果书本前的你在参观故宫时，或者阅读本文时，能对官式建筑内檐棚壁糊饰技艺产生那么一点点的好奇与欣赏，并由此对这项技艺产生些许关注、认识或推广，那么你也是保护这项技艺不湮没在历史中的一分子。换句话说，灿烂的非物质文化遗产是全人类的财富，我们每一个人都应当肩负起传承它、保护它的光荣使命。

"大夫"们在工作

此外，修缮材料的提供者也在官式建筑内檐糊饰棚壁的"诊疗"中起到重要作用。俗话说，巧妇难为无米之炊，再精妙的技术，如果没有物质载体作为支撑，就好像医生没有药材和诊疗工具那样，让人无从下手。虽然，材料提供者并不直接参与棚壁修缮，但是他们所生产的纸张等产品，是保障文物安全、恢复文物原貌、延续文物生命的重要保障。比如，"文物除尘布"的发明与应用，可以轻松吸附文物表面较大体量的灰尘，大大降低清理修复过程中对纸、绢织物表面的磨损。而为了找到与文物同等性能的高丽纸，研究人员走访了包括河北、安徽在内的很多厂家，又经过了大量的实验，才与造纸工匠一同仿制出这种高丽纸，让我们普通的爱好者，也能亲手触摸感受到档案资料中描绘的柔韧与绵软。

"主治医师"王仲杰

研究者、传承者、施工者、保护者、供材者共同组成了官式建筑内檐糊饰棚壁的"诊疗团队"，而在这个团队中担任"主治医生"的，就是掌握着官式建筑内檐糊饰棚壁"康复药方"的传承人们。是他们穿越古今，用和先人别无二致的手艺，让文物如最初诞生时那般，由骨到皮，层层叠叠，光彩焕发。

不过，与木作、彩画那般"久负盛名"所不同的是，糊饰棚壁和它的营造技艺获得关注，并被施以保护的时间很晚。这也就导致了棚壁糊饰真正的"官式做法"一度式微，直到近些年才在专家和工匠的共同努力下逐步得到恢复。甚至，这一时期的能工巧匠往往是身兼专家和工匠的双重身份，正是由于他们既耐得住爬梳剔抉的劳苦，钻研史料档案，又在一次次的修缮实践中，发现问题、磨炼技巧，并且两相印证，互为参考，才能再次揭开官式建筑内檐棚壁糊饰技艺的神秘面纱，使其重新步入历史舞台。

来自故宫博物院的王仲杰老先生，就是这样一位身兼"双职"的能工巧匠。

王老先生出生于1934年。如今的南锣鼓巷，是北京的标志性景点，不仅保留了自元朝至今的胡同巷道，而且沿街两旁店铺林立，旅游旺季时的南锣鼓巷摩肩接踵，热闹非凡。时间回拨一个世纪前，南锣鼓巷同样充满着丰厚的人文气息，很多达官显贵、文人墨客都曾在此驻足。王老先生就出生在这里。

由于祖父经营着冥衣铺，父亲又是小有名气的彩画匠人，王仲杰与古建筑营造技艺的缘分，仿佛是一种命中注定，或者可以说，儿时的王仲杰在父亲与祖父的影响下，已经悄然接下了弘扬古建筑营造文化的使命。在很小的时候，

王仲杰先生

王仲杰已经跟着祖父学习怎么打浆糊，怎么贴花纸了。每年秋天，天气一转凉，就到了老北京人家糊顶棚的季节。每到这个时候，裱糊铺子里的工匠都得连轴转。订单多，工期赶，为了缩小纸张的干湿差异，让糊好后的顶棚更结实，贴纸的过程必须一气呵成。所以，这时候的裱糊匠人们往往是父子兵、兄弟连，全家齐上阵。还是孩童的王仲杰便也跟着祖父走街串巷，递一下刷子，搬一下浆糊，在耳濡目染中感受着糊饰的魅力。等到了青少年时期，王仲杰已经将祖父裱糊的秘诀尽数掌握。

当然，有父亲在，王仲杰的彩画手艺也没有落下，而且青出于蓝而胜于蓝。聪颖好学的王仲杰不仅将家传的手艺融会贯通，还酷爱读书，从书籍中补充了大量古建知识。不到30岁，王仲杰便脱颖而出，被选拔进入中国文化遗产研究院的前身北京文物整理委员会，加入修复与保护各地的古建筑彩画的队伍中。

全国各地修复彩画的经历再一次拓展了王仲杰的视野，通过与各地工匠的合作交流，王仲杰领略到了不同地区彩画技术的魅力。这也为王仲杰调入故宫后，更好地理解200多年前宫廷匠人如何博采众长，绘出精妙绝伦的官式彩画打下基础。

在故宫，王仲杰的工作内容横跨油饰、彩画、裱糊3个领域，俗话说"油画糊不分家"，老一辈的工匠大多样样精通。这也是当时人手不足，研究不深入导致的。很多工匠来自民间，并不了解官式做法，即使有官匠后人，但这些官匠后人人数有限，也不可能涵盖全部领域。所以当时的王仲杰也是摸着石头过河，一边组织维修，一边对残迹和史料深入

精美的彩画天花

研究，结合实践的经验不断总结、修正技术要点，必要的时候还得亲自刷纸上浆，培训匠人。

功夫不负有心人。清王朝覆亡近一个世纪后，清代官式建筑油画糊领域的研究与实践终于不再是一片空白，故宫午门、建福宫花园、承乾宫，以及天坛、恭王府等建筑文物在王老先生的指导下，重新"穿"上精美的糊饰"内衫"，"画"上艳丽的彩画"妆容"，生机勃勃地"俏立"在游客面前。

"多面手"王敏英

还有一位大师是因为儿时对糊饰棚壁的观摩，走上了裱作研究的道路，她就是来自颐和园管理处的王敏英。

王敏英出生于1955年，今年已经67岁了，依然奔波在官式建筑裱作研究与实践的第一线。王老师在修缮承德避暑山庄烟波致爽殿时，时常连轴转，有条不紊地把控工程各处细节，而跟随王老师一起修缮烟波致爽殿的我却扛不住这么高强度的工作，得了重感冒。其实，王敏英老师也不是铁打的。后来笔者得知，王老师颈椎上打着加固的钢板，右脚外踝做过筋腱连接手术，右手有3个手指是骨折再接的，平时走路上下台阶都需要借力，但在干活的时候，很少见到她坐下来休息。由于工程涉及文物除尘，王老师亲自操刀，一站就是几个小时，还要随时关注殿内内檐棚壁糊饰的施工情况，把关技术，指导应对突发状况，忙起来，连水都顾

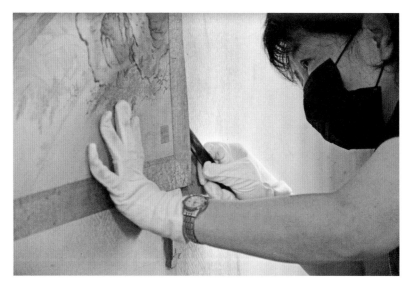

工作中的王敏英

不上喝。

如果说"专注"是笔者对王老师的第一印象，那么"专业"就是业内对王敏英的一致认可。

40多年来，王敏英深耕清宫裱作领域，在她的努力与坚持下，很多濒临失传的官式建筑裱作活计才得以重见天日。而现实也证明了，王敏英口中那些复杂的技术要领并非无的放矢，她裱糊出来的作品就是更结实耐久，也更接近古迹。如果大家去颐和园内德和园游玩，可以留心看看殿内粘贴的那些装饰性书画，在清代这样的书画叫作"画片"，工匠将糊饰过程称为"糊画片"。这是王敏英带领团队运用官式建筑裱作技法糊饰的，至2022年，10年过去（2012施工糊饰）了，哪怕殿内人来人往，四季变换，这些糊饰都平平整整的，别说塌损开裂，连个起翘打卷的小损伤都没有。

不仅手上功夫经得起时间考验，王敏英的理论研究成果同样突出。与一般工匠口传心授的习艺模式不同，王敏英能有今日的成就，离不开她坚持不懈的思考与探索。

仿佛是在和自己较劲，王敏英从不满足于简单的复刻模仿，明明师父说什么，照做就可以，王敏英却总想弄明白为什么。当她看到修了没多久的顶棚再次损坏时，就想弄明白损坏原因。看到没有按传统工艺做梅花盘布工艺的部分，在修缮中就补上去。当她发现建筑内檐饱受虫害困扰，就去学习研究防虫避蠹的方法。修复所需的纸张材料不符合"不改变原状"要求时，她又去研究造纸……在这个过程中，王敏英向前辈请教、向档案请教、向其他领域的专家请教，自己不断地整合、实验。

终于，王敏英打通了官式建筑内檐棚壁糊饰技艺的各个环节。翻阅王敏英的论文著述就会发现，她的研究范围从糊饰的技术技艺到浆糊、纸张等材料的制取与性能改良，从文物表面的无损除尘到避蠹延年，从长效保存纸绢文物到非物质文化遗产的良性传承，串联出了官式建筑内檐棚壁糊饰技艺的完整脉络。

更为难得的是，掌握了核心技术的王敏英却从不吝惜传习手艺。在传统手工艺中，工匠往往十分注重自身技术的保护，这才有了"传男不传女""传内不传外"的规矩。但这在王敏英身上似乎看不到，相反，只要有人愿意学，王敏英便倾囊相授。不仅自己带徒弟，而且培训施工工匠，和高校、职校合作教学，撰写论文与同行分享成果。正是在王敏英和其他专家的奔走呼号下，官式建筑内檐棚壁糊饰技艺才能重新被重视起来，让裱作技艺恢复到和木作、彩画作、油作、瓦作同等重要的地位。

王敏英对裱作技艺的赤诚与热爱，是从小时候在姥姥家看糊棚时萌发的。

孩童时期的王敏英每年要跟随父母去几次姥姥家，除了跟小姨和几位表兄玩得开心外，对姥姥家的印象就是房子里

王敏英讲解施工要点

总是灰蒙蒙的，再加上条案、八仙桌、扶手椅的搭配，总感觉很是压抑，一点都不亮堂，让活泼好动的王敏英觉得仿佛被压在五指山下，透不过气。有一个春节，王敏英跟随爸爸妈妈去姥姥家拜年，刚踏进门，王敏英就惊喜地睁大眼睛。记忆中的老房子大变样，顶棚墙壁都白白的，像是搬进了新房子。王敏英高兴地跑来跑去，这间房子里看看，那间房子里摸摸。后来问过妈妈才知道这不是戏法，而是姥姥家年前用纸张糊饰了棚壁，神奇的糊饰就这样走进了王敏英心中。

等长大一点，王敏英亲眼看着父亲把家里一只破损的箱子用浆糊和纸张修理得漂漂亮亮的，还从邻居叔叔的口中知道了这种用纸和浆糊就能让旧东西变新模样的技法叫裱糊。小小的王敏英对裱糊的兴趣更浓厚了。

1971年，王敏英16岁，有了自己的第一份工作——在北京颐和园开汽艇。也许是少年人活泼好学的天性，王敏英把颐和园的历史、建筑了解得门儿清，开船的时候绘声绘色给游客讲故事。年纪小，口才也好，王敏英成了船队的小"明星"，而古建筑与传统文化的魅力也在深深地吸引着王敏英。

1978年11月2日，是王敏英心中一个特殊的日子，在这一天，王敏英调入颐和园文物修复室，拿起了那把她视为神奇的棕刷，这一拿，就是40多年。

或许是冥冥之中的缘分，王敏英在纸质文物修复室的第一个任务就是糊

王敏英和师傅张金英

饰修复室的顶棚。这时的修复室刚刚搬到玉澜堂东配殿和风清穆（霞芬室）。说起来，玉澜堂还曾经是慈禧太后软禁光绪帝的寝宫。不过岁月更迭，多年后这里的棚壁早已破败，要想使用必须重新糊饰。初来乍到的王敏英正好赶上了那一次修复室重新糊饰棚壁。

从老师傅口中得知，有一条不成文的惯例，园里工作用房是"谁使用谁就负责糊饰"，实在修不了的再上报维修，所以园里很多老师傅对糊棚技术多少会一点，只是手法不像官式做法那么考究罢了。同样作为修复室使用者的王敏英也跟着老师傅们，从头到尾把糊棚的工序体验了一遍。

当时，王敏英的本职工作是修复颐和园里的贴落，也就是修复园中悬挂或直接张贴在室内墙壁、起装饰作用的书画作品。这些作品往往尺幅大，应用环境复杂，修裱工艺与卷轴画修复也略有差异，但整体都属于书画修复的范畴。于是，从那一年起，王敏英踏上了书画修复的习艺之路。先在颐和园一位师傅的教导下打好基础，随后，单位选派王敏英等三人到故宫博物院修复厂先后跟随柴启斌、孙孝江师傅学习。王敏英无比珍惜学习机会，尽管在当时，从颐和园到故宫要耗去不少时间，但王敏英和她的同事每周都要早早过去，风雨无阻。

柴老先生退休后，王敏英等人在单位的安排下，继续向孙孝江学习。一晃几年过去，孙老先生从故宫调到中国革命历史博物馆（中国国家博物馆）工作，王敏英觉得自己应该继续跟孙老先生学习。她没有停下求知的脚步，有不懂的还找孙老先生请教。老先生也认可她这股勤奋好学的劲头，依然悉心解答王敏英的各种问题。

20世纪90年代，传统手工技艺的拜师仪式重新在修复行业中流行。虽然没有很铺张的形式流程，但是师傅会邀请同行和老伙计们见证，这也算是对徒弟传承身份的认可，同时向业内推荐爱徒。出于对王敏英的喜爱，孙孝江也打算收下这个徒弟，拜师仪式就定在春节后举行。然而没过春节，噩耗传来，孙老先生于2000年1月3日与世长辞，知道消息后，王敏英悲痛万分。

中国文物交流中心的陶瓷修复大师王启泰不忍王敏英无师傅指导，鼓励她继续到故宫向老先生们学习。此时的王敏英更加勤奋，遇到问题总要刨根问底，找到关键诀窍才罢休。自己想不通的问题，就查资料、翻档案，若还是不能弄明白，就四处向人请教。在故宫请教时，教导王敏英的常常是书画修复专家张金英老师。一来二去，拜师水到渠成，在王启泰等人的说合下，张金英收了这个徒弟。不过当时的张老已经不再对外招收弟子，这场拜师仪式便没有大规模宣扬，只邀请几位亲近友人见证。

在三位师傅的教导下，王敏英的修复技术不断进步，对纸张与浆糊的认识愈发深刻，也为探索棚壁糊饰的官式做法打下了基础。

那么，王敏英的棚壁糊饰技艺又是从何而来呢？

这就要说到王敏英的另一位师傅——王宝善。他的祖上四代在宫里做工，同乡及亲戚中有多人是木匠、油匠、瓦匠、裱匠等。

王宝善（1916—2011年）祖籍河北深州。深州有种特产水蜜桃，个头大，味道甜，被清宫选为贡品。王宝善的祖父便跟着进贡水蜜

王宝善夫妇

桃的队伍，同兄弟共三人，进京安家。在一位姓马的同乡保荐下，三人进宫当了官匠，参与了紫禁城及皇家园林颐和园等多处的营建修缮工程，官式做法的手艺也一代代传承了下来。

从小耳濡目染，让王宝善对宫廷匠作的裱糊技术颇有了解。王宝善和王敏英的父母关系极好，严格来讲两家还是亲戚，按辈分，王敏英是王宝善的表外甥女。两家人经常走动，王敏英也从父辈的交谈中听到很多故事。

在给玉澜堂糊顶棚的时候，王敏英被屋顶的污尘弄得灰头土脸，回到家中，正巧遇到王宝善来家里看望她的父母，询问了王敏英的工作内容，王宝善就给她讲起了皇宫里是怎么糊顶棚的故事。后来，王敏英发现王宝善说的步骤和园子里老师傅的做法有很多不同，几番请教下，才慢慢有了"官式"与"小式"的概念。

那个年代，文物建筑的棚壁糊饰还没有得到重视，只是作为内檐修缮的附带小工程。在工匠眼里，糊棚的活计又脏又累还粗糙，远不能和书画修裱相比。不过园子里的棚壁年久失修，经常需要修补，人手不足，王敏英所在的小组就经常被派去修顶棚。糊得多了，王敏英发现，按照老师傅教授的方法裱糊的顶棚经常坏。或许在其他人眼中，这不是什么问题，只当完成任务便好。可王敏英却认真起来，也不嫌弃糊棚又脏又累，有糊棚的活计她都去参与实践。就这样一边学习，一边搜集棚壁糊饰官式做法的资料，还经常向王宝善、李永革这样的官匠后人请教，终于把官式建筑内檐棚壁糊饰技艺给复原了出来，并形成了一套理论体系。

随着官式建筑内檐棚壁糊饰技艺的相关研究逐渐深入，越来越多的人了解到糊饰的魅力。棚壁糊饰也不再是修复文物建筑时附带的小工程，而真正获得了应有的重视。正是这些好"大夫"们不懈地坚持，才让糊饰棚壁也能和其他损坏的建筑文物一起，重获新生。❀

06

材料里面学问多

背纸很"团结"

说起来，糊饰的材料特别简单，两个字就可以概括——"纸"（指纸张、织物等软性材料）和"糊"。不过，任何材料一旦和"皇家"挂钩，再简单的属性也能玩出花样。糊饰当然也不例外，官式做法使用的每一种纸，都是兼具实力与美貌的"纸中之星"，浆糊虽然看着普通，但也是"皇室专用秘制特调"，里面有很多讲究呢。爬梳官式建筑糊饰材料的变迁，我们还能发现一些有趣的故事。

根据功能的不同，可以把官式建筑内檐糊饰棚壁所使用的纸张划分成背纸和面纸两个部分。

所谓背纸，就是在糊饰中用来做"衬"的材料，也叫"底"。背纸就像一个害羞的小朋友，悄悄地藏在看面带花纹的印花纸背后，紧紧抱住怀里的白樘篦子，不让人看到。与之相对应的面纸呢，就是落落大方地伫立表面，让人一走近宫殿就能看到"大漂亮"。

背纸非常团结，通常不会"单飞"，而是多层相合，起到加固、应对环境温湿度变化、找平、防止热气散失等作用。所以，背纸纸张的选拔标准，就要着重考虑是否结实、是否柔韧、抗张强度是否大等。并且一定不能"秃头"，要成为背纸的纸张必须拥有一头又长、又粗、又浓密的纸浆纤维"秀发"。

高丽纸纤维很长

那么背纸大家庭里都有哪些成员呢？

我们前面提到，在清雍正十二年（1734年）颁布了由工部编写的《工程做法》。在这本匠作规范全书中，对背纸纸张在官式建筑内檐糊饰隔井天花、海墁天花、顶槅梁柱、木壁板墙、柁木装修墙壁、白樘篦子支墙等不同"部门"中的"人事任命"和"工作守则"作了明确规定。

其中，裱糊隔井天花的背纸时，要先用白棉榜纸托夹堂，苎布糊头层底，二号高丽纸糊两层共同作为隔井天花软天花的背纸，或者使用山西纸托夹堂后仅用苎布糊头层底，二号高丽纸糊一层做背纸。

裱糊海墁天花时同样有白棉榜纸托夹堂和山西纸托夹堂两种规格，白棉榜纸托夹堂的海墁天花要求用苎布糊一层，二号高丽纸横顺糊两层做底，山西纸托夹堂的海墁天花要求苎布糊一层，二号高丽纸横顺糊一层做底。值得注意的是，与隔井天花相比，海墁天花的背纸裱糊着重强调了"横顺"的组合方式。这也许是因为海墁天花在糊贴时，没有隔井天花中压锭的步骤，因此需要通过横顺多层糊饰提升海墁天花的牢固性能。

糊饰顶槅梁柱等处用高丽纸糊一层做底。

糊饰木壁板墙使用山西纸托夹堂，苎布糊头层底，二号高丽纸横顺两层做背纸，或者苎布一层、山西纸一层、二号高丽纸一层做背纸。

顶槅用山西纸一层、上白栾纸一层做背纸。

楦木装修墙壁用二白栾纸做底。[1]

从《工程做法》中我们得到几个信息，首先，清代雍正时期官式建筑内檐棚壁糊饰所使用的背纸材料以二号高丽纸为主，除了顶槅和楦木装修墙壁外都会使用到这种纸张。另外还有山西纸、白棉榜纸、上白栾纸、二白栾纸等纸材。

其次，清雍正时期的背纸糊饰工程中，糊饰隔井天花、海墁天花、木壁板墙时，都会用苎布糊一层作为头层背纸。

此外，背纸材料有不同规格。其中二号高丽纸属于规格较高的材料。规格相对较低的顶槅等棚壁糊饰就会使用山西

---

[1]　出自[清]工部《工程做法》.清雍正十二年刻本.卷六十.原文："隔井天花用白棉榜纸托夹堂，苎布糊头层底，二号高丽纸糊两层，山西练熟绢白棉榜纸托裱面层，锭铰匠压锭随天花之燕尾用山西绢棉榜纸托裱；又用山西纸托夹堂，苎布糊头层底，二号高丽纸一层，山西练熟绢白棉榜纸托裱面层，锭铰匠压锭随天花之燕尾用山西绢托棉榜纸。海墁天花用白棉榜纸托夹堂，苎布糊头层底，二号高丽纸横顺糊两层，山西绢托榜纸过画作，画完裱糊面层；又用山西纸托夹堂，苎布糊头层底，二号高丽纸横顺糊一层，山西绢托棉榜纸。糊饰顶槅梁柱装修等项俱用高丽纸一层，面层所用纸张临期酌定。裱糊木壁板墙山西纸托夹堂，苎布糊头层底，二号高丽纸横顺糊二层，面层出线角云所用纸张临期酌定；又用山西纸一层，二号高丽纸一层，托夹堂苎布，面层出线角云临期酌定……又顶槅糊底用山西纸一层，上白栾纸一层，竹料连四纸一层，墙垣梁柱等项不用山西纸；群肩用二白栾纸糊底，面纸一层临期拟定；又顶槅用二白栾纸□秫秸扎架子，山西纸糊底，面层白栾纸；楦木装修墙壁用二白栾纸糊底，面层白栾纸。"

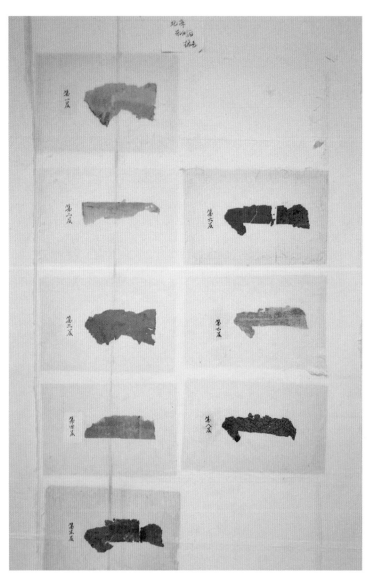

糊饰残片揭裱分层

纸、白栾纸等规格较低的材料，并且白棉榜纸的规格高于山西纸，上白栾纸的规格高于二白栾纸。

顶槅背纸的糊饰做法有两种。一种是糊高丽纸，一种是糊一层山西纸和一层上白栾纸。

最后，高丽纸在背纸中主要起支撑作用，这种纸抗张、耐折等性能较好，有时仅糊一层二号高丽纸就能实现背纸最重要的支撑功能。

不过，《工程做法》颁布的雍正十二年（1734年）属于清中期，是清朝国力最强盛的时期，自然拿得出好材料。那么到了国力式微的清末，官式建筑内檐棚壁糊饰的材料还能这么讲究吗？

《工程做法》颁布152年后，光绪皇帝在他在位的第十二年（1886年）颁布了一部《工部工料则例》。《则例》中同样对隔井天花、海墁天花、顶槅梁柱、木壁板墙、柁木装修墙壁、白樘篦子支墙等官式建筑内檐棚壁糊饰所使用的背纸有明确规定。

其中，隔井天花用白棉榜纸托夹堂一层，然后糊苎布一层、二号高丽纸两层做背纸，或者用山西纸托夹堂，或者二

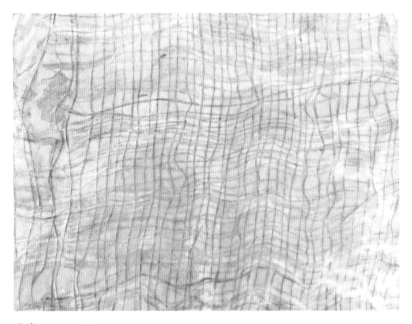

苎麻

号高丽纸糊一层。

海墁天花糊高丽纸苎布托夹堂等方法和隔井天花一致。

糊饰顶槅、梁、柱、木装修等项目时，用高丽纸做背纸。

糊木壁板墙时用山西呈文纸托夹堂一层，次糊苎布一层，最后横顺糊高丽纸两层做背纸，或托夹堂苎布后，糊山西纸一层和二号高丽纸一层做背纸。

顶槅用一层山西纸和一层上白栾纸做底，如果顶槅用秫秸扎架子，那么用山西纸糊底。这里还特别强调了墙、垣、梁、柱等项目不用高丽纸。

柁木装修的墙壁用二白栾纸糊底。[1]

《工程做法》与《工部工料则例》背纸用料比较

	《工程做法》（1734年）	《工部工料则例》（1886年）
隔井天花	白棉榜纸托夹堂，苎布糊一层，二号高丽纸糊两层；山西纸托夹堂，苎布糊一层，二号高丽纸糊一层	白棉榜纸托夹堂一层，苎布糊一层，二号高丽纸糊两层；山西纸托夹堂；二号高丽纸一层

---

[1] 王世襄著：《清代匠作则例》，第4卷。原文："隔井天花用白棉榜纸托夹堂一层，次糊苎布一层，次糊二号高丽纸二层，面糊白棉榜纸托裱山西练熟绢一层，锭铰匠压锭随天之燕尾亦用白棉榜纸托山西练熟绢裱糊，过画作交锭铰匠压锭；或用山西纸托夹堂或糊二号高丽纸一层，临期酌定。海墁天花过油作后，面糊白棉榜纸托山西练熟绢一层，过画作，作画完交锭铰匠压锭，其糊高丽纸苎布托夹堂照前做法；亦有在板上彩画者不用绢纸，其燕尾必用绢纸彩画压锭，亦有用高丽纸者随便。糊饰顶格柱木装修等项俱用高丽纸糊底，其面层或用竹料连四纸，或用连四抄纸及各样纸张临短酌定。裱糊木壁板墙用山西呈文纸托夹堂一层，次糊苎布一层，横顺糊高丽纸二层，面层出线角云所用纸张临短酌定；又用山西纸一层，二号高丽纸一层，托夹堂苎布，面层出线角云临短酌定。……顶隔糊底或用山西纸一层，次用上白栾纸一层，面用竹料连四纸一层，墙垣梁柱等项不用高丽纸，如顶隔秫秸扎架子，用山西纸糊底，面层上白栾纸。柁木装修墙壁用二白栾纸糊底，面层上白栾纸。群肩用二白栾纸糊底，面纸一层临期酌定。"

续表

	《工程做法》（1734年）	《工部工料则例》（1886年）
海墁天花	白棉榜纸托夹堂，苎布一层，二号高丽纸横顺两层；山西纸托夹堂，苎布糊一层，二号高丽纸横顺糊一层	白棉榜纸托夹堂一层，苎布一层，二号高丽纸两层；山西纸托夹堂；二号高丽纸糊一层
顶槅梁柱	高丽纸糊一层	高丽纸
木壁板墙	山西纸托夹堂，苎布糊一层，二号高丽纸横顺糊两层；苎布一层，山西纸一层，二号高丽纸一层	山西呈文纸托夹堂一层，苎布一层，高丽纸横顺两层；山西呈文纸托夹堂一层，苎布一层，山西纸一层，二号高丽纸一层
顶槅	山西纸一层，上白栾纸一层	山西纸一层，上白栾纸（白樘篦子）一层；山西纸（秫秸篦子）；墙、垣、梁、柱等不用高丽纸
柁木装修	二白栾纸	二白栾纸

通过比较我们可以看出，在《工程做法》与《工部工料则例》中，对官式建筑内檐棚壁糊饰的规定基本保持一致。这说明官式建筑内檐棚壁糊饰技艺的背纸材料在清代是相对稳定的，一直是以二号高丽纸为主，但是也产生了一些变化。

首先，从整体上看，光绪年间背纸的标准较雍正时期有所下降，隔井天花和海墁天花有不糊苎布的规格存在，而海墁天花也不再强调横顺裱糊了。

其次，出现了"山西呈文纸"这个名称，不知是否和"山西纸"为同种纸张。

再次，顶槅出现了对秫秸扎架裱糊的举例，而且这种做法的规格更低一些，皇帝都不舍得用白棽纸裱糊，仅用山西纸裱糊一层。

最后，特别强调墙、垣、梁、柱等项目不用高丽纸，也就意味着光绪年间存在另一种规格更低的梁柱裱糊方式。

如果不是专门研究纸张的人，看到这么多的纸张名称该头痛了。仅仅在这两部匠作规范中，官式建筑内檐糊饰棚壁的背纸就有五六种，其他档案中还能看到毛头纸等，在故宫长春宫等处的糊饰棚壁残迹中还发现了不同规格的麻料做的

背纸染色

背纸。

这些背纸纸材里最常用的，就是被称作"二号高丽纸"的纸张了。而且它的规格十分高，从光绪朝特别强调低等级的梁柱不用高丽纸，就可以看出来即使是在宫廷里，二号高丽纸也是相当宝贵的。可这种纸张为什么叫"二号高丽纸"呢？难道清宫里高丽纸还有其他编号？

没错，在《内庭物料斤两尺寸价值则例》《圆明园内工则例》等档案中，我们还能看到头号高丽纸、三号高丽纸等纸张名称。看来，清代根据纸张的质量不同给高丽纸编了号。据专家考证，乾隆年间曾仿制出一批高丽纸，用来糊窗户，坊间称为"乾隆高丽纸"。偏偏，在乾隆朝之后，档案里出现了一种规格较低的高丽纸纸材，叫作"三号高丽纸"。我们不妨大胆猜测，"乾隆高丽纸"可能就是"三号高丽纸"。

高丽纸实际上是对古代朝鲜半岛地区所产纸张的统称。

在高丽王朝时期，朝鲜半岛地区产生了一种独特的通过捣砧和捶纸造纸的工艺，他们利用这种工艺制造出了一批质量极佳的纸张。进贡到中国后，受到追捧，并将这种纸张命名为"高丽纸"。

起初，这种品质极佳的高丽纸是由楮树皮制作，随着楮树资源的枯竭才逐渐掺杂了草料、大麦等材料，高丽纸纸张的品质也因此下降了。在故宫养心殿、清西陵，以及图们市的档案馆等处发现的比乾隆高丽纸更厚实绵韧的高丽纸张，可能就是添加楮树皮制作而成的。

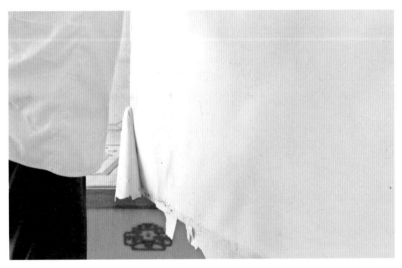

使用多年的高丽纸依然完整无破损

而高丽纸传入中国后，被误认为是由桑树皮制作的，所以历史上包括乾隆时期仿制的高丽纸，都是"桑皮纸"。也由此推测，所谓"头号高丽纸""二号高丽纸"可能就是这种含有楮树皮成分的"纯进口"纸张。《康熙朝满文朱批奏折全译》中记载了一段因糊饰工程需要二号高丽纸，采办时发现当年高丽商人携带的高丽纸甚少，不好采购，所以将内务府所存的高丽纸交给工部调用的故事，也证明了直至康熙年间，高丽纸的来源依然主要依靠进口。后来，高丽纸的含义逐渐泛化，国内仿制的桑皮纸，包括迁安所生产的添加了布头等材料的桑皮纸，也渐渐被冠以"高丽纸"之名。

当然，关于高丽纸的编号问题只能猜测。事实上，由于历史原因，很多保存下来的纸材实物都还未和档案中的名称"对上号"。相信在不久的将来，这些问题都能一一得到解决。

到了近现代，所用的背纸质量参差不齐，整体偏差，多使用乾隆高丽纸、迁安高丽纸等，甚至有报纸、牛皮纸、编织袋等工业材料。故宫博物院在修复倦勤斋时，奔赴安徽潜山，制造了一批"仿乾隆高丽纸"，由此至今的十几年中，官式建筑内檐糊饰棚壁的修缮工程基本使用这种纸材作为背纸。不过，严格说来，乾隆高丽纸也是仿制的，所以这种"仿乾隆高丽纸"真正的名字应该叫"仿乾隆仿高丽高丽纸",像绕口令一样好玩儿。

面纸"大漂亮"

接下来,我们说说面纸。

面纸裱糊覆盖在背纸上,主要起装饰作用,是糊饰棚壁的"门面担当"。官式建筑内檐糊饰棚壁时所使用的面纸纸材主要包括本纸和花纸两种类型。

小团龙银印花纸

所谓"本纸"就是无印花的，保留原本纸张花纹颜色的纸张。以本纸为面纸的官式建筑棚壁，一般在清代早期和晚期出现较多，主要用于耳房、暖阁、书房等皇帝工作、休息的区域。

如康熙朝的法国传教士张诚就在日记中记载了康熙二十九年（1690年）养心殿西暖阁作为皇帝的"宴息之处"，其棚壁是用白纸糊饰的，没有彩绘花纹等装饰。[1]道光帝也多次下令将养心殿内的花纸棚壁改糊本纸，如《活计档》中记录道光十七年（1837年）"三希堂棚顶，现糊蜡花纸改糊本纸"。[2]到了清末同治、光绪年间更是演变成一种"四白落地"的糊饰风格，"里外间棚槅墙壁糊饰本纸"[3]。

本纸的纸材主要包括白棉榜纸托山西熟绢、竹料连四纸、连四抄纸、上白栾纸等种类，这些纸张最显著的共同特

---

[1] [法]张诚著：《张诚日记》，商务印书馆，1973年版，第63页，原文："另一间耳房是皇帝临幸此殿的宴息之处，虽然如此，这里却很朴素，既无彩绘金描，也无帷幔，墙上仅用白纸糊壁而已。"

[2] 中国第一历史档案馆藏：《活计档》胶片20号，道光十七年八月初一日，传旨九月糊饰养心殿西暖阁勤政亲贤及东边小夹道。

[3] 中国第一历史档案馆藏：《活计档》胶片35号，同治三年四月，传旨平安室顶棚槅扇墙壁糊饰等事，下表作呈稿。

点就是纸质结实、颜色柔和。本纸被选为棚壁面纸主要与皇帝个人的审美偏好有关。比如道光皇帝偏好朴素节俭，所以自己起居的寝殿装饰风格也相对质朴。这种质朴感又恰恰符合皇帝不乱心、不乱性、勤政爱民的自我要求，所以本纸面层很受清代一些皇帝的欢迎。再加上本纸造价便宜，且白色有利于室内采光，又符合满族"尚白"的民族习惯，因此在清代早期和晚期国力相对单薄时较为流行本纸作为面纸。

顾名思义，官式建筑内檐糊饰棚壁的面纸材料中的"花纸"，即是带有花纹图案的纸材，主要包括印花花纸和彩画花纸两种。

花纸印制模具

印花纸即通过定制的模具在纸张上拓印花纹后形成的面纸。官式建筑内檐糊饰棚壁面层所使用的印花纸，要求印花牢固不掉色，并且图案清晰、完整、排列整齐。从乾隆朝起，印花纸面层糊饰棚壁开始在官式建筑中流行，主要应用于后宫寝殿的棚壁和天花上，协调搭配殿内的其他装饰，营造华贵、典雅的寝居氛围。

印花纸的种类十分丰富。按产地可分为国产御制（特别是龙、凤等皇室专用图案，目前故宫还保留有十几种印制印花纸的模子）和进口花纸（如档案中的倭花纸就是由日本进贡的一种可用于官式建筑内檐糊饰棚壁面层的纸张）；按照工艺，又可划分为银花纸、蜡花纸等种类；按照图案又有万字绿夔龙纹银印花纸、万字锦地延年益寿瓦当纹银印花纸、缠枝花卉蜡花纸、蓝地金钱菊花纸等众多种类。

花纸中的彩画花纸，是指面纸上的花纹不是印制所成，而是经由画工绘制而成。这种费工费时的面纸类型主要应用于非仪典类宫殿的正殿天花，比印花纸天花规格更高、更为正式，但比油饰天花规格低些，到了清代中晚期时就不常使用了。故宫倦勤斋的通景画糊饰棚壁，就是由这种彩绘的花

北海公园承光殿彩绘坛城软天花

纸糊饰的。

除了本纸和花纸，在清末、民国时期，由于意识和资金等方面的不足，也有使用报纸、草纸或其他质量较差的纸张裱糊官式建筑内檐糊饰棚壁面层的现象。

浆糊低调有内涵

了解了纸材的情况后，我们再来看看官式建筑内檐糊饰棚壁时所使用的黏合剂材料。

内檐糊饰棚壁所使用的黏合剂有几个特点。首先是使用量大。比起书画，棚壁要裱糊的面积大多了，还要裱糊一层又一层，用量自然不少，原材料就要求廉价易得。其次，粘合性好。这是因为糊饰棚壁作为建筑构件，需要充分暴露停留在复杂的室内环境中，应对由人类居住活动带来的温湿度变化。同时，官式建筑内檐糊饰棚壁作为人类居住空间的构成，在营建和使用时都充分与人接触，因此黏合剂成分及添加成分须对人体无害，而且不能有刺鼻气味。此外，黏合剂直接接触纸、绢、木头等材料，还要尽可能满足耐久延年的质量要求，黏合剂应当具备化学性能稳定，且不会对

防虫浆糊制作

纸、绢等材料有腐蚀危害的特征。以及，在现代文物保护理念的指导下，黏合剂材料应满足施工"可逆性"的保护原则。

虽然，随着科学发展，曾经尝试使用SDK等新型黏合材料替代浆糊成为官式建筑内檐糊饰棚壁所用的黏合剂，但是出于保护文物安全和成本控制的目的，没有被业内采纳，也就导致了从古至今，官式建筑内檐糊饰棚壁时所使用的黏合剂只有一种，那就是浆糊。

浆糊，是将淀粉加入水搅拌均匀后加热糊化形成的糊状黏性物的统称。也就是说，任何含有丰富淀粉的材料，理论上都有可能制成浆糊。比如藕粉糊、百合粉糊或是地瓜粉糊。

传统书画装裱中的浆糊，有以白芨粉、小麦面粉、小麦淀粉等为主原料的多种配方。而官式建筑内檐棚壁糊饰中所使用的浆糊黏合剂，一般以小麦淀粉作为主要配制材料。虽然在古代，小麦淀粉的提取相对于小麦面粉和白芨粉来说有些复杂，但是白芨粉造价相对昂贵，且黏性过强，不太方便揭裱。即使在不对糊饰棚壁进行文物保护的清代，也常有揭裱和循环利用纸张的习惯，因此白芨粉并没有成为黏合剂的理想材料。

而小麦面粉和小麦淀粉孰优孰劣的争论自古至今不断。早在唐代张彦远就发出了"凡煮糊，必去筋"的感叹。[1]但直至现在还有很多工匠在装裱时偏好使用不去"筋"的小麦面粉，认为不去"筋"的面粉黏度更强，裱糊效果更好。王敏英曾用"毛细管运动粘度测定法"测量了小麦面粉和小麦淀粉的黏度，结果表明小麦淀粉黏性是小麦面粉的7倍，[2]而淀粉中支链淀粉遇热膨胀形成的黏附力是浆糊黏性的主要

[1] 张彦远著；秦仲文，黄苗子点校：《历代名画记》，人民美术出版社，2016.09。

[2] 王敏英：《小麦面粉及同质淀粉的黏度测定及分析》，《中国文物科学研究》，2009(04):72-74。

来源。这样来看，纯度更高的小麦淀粉浆糊当是黏度更强。

　　不过，在实际应用中，小麦面粉的黏性不仅来自淀粉，还来自蛋白质。小麦面粉中通常含有8%～15%的蛋白质，而蛋白质中的面筋蛋白吸水后，可形成面筋网络结构，有很好的韧性、黏性、弹性、延展性。也就是小麦面粉面团中所谓的"筋力"。这种"筋力"使得纸张黏合更紧，其效果是高于淀粉糊化的。但是这种"筋力"也导致黏合剂干燥后容易板结、发硬，作用在大幅纸张和较干燥环境中容易造成纸张脆裂，反而影响黏合效果。这也是为什么使用小麦面粉的装裱匠人多学艺于南方多雨地区，主攻方向是书画装裱技艺的原因。

　　因此从环境和实用的角度看，小麦淀粉不仅粉质细腻，渗透性强，有助于通过黏合剂浸润纸张进行重构提升黏合性能，而且即使大面积使用，在气候干燥的北方地区也不容易有暴性，发生裂等质量问题。再加上淀粉的蛋白质含量少，不易吸引虫蚁啃食，原材料廉价、易得，裱糊后可逆、可揭裱等优势，极为符合官式建筑内檐棚壁糊饰对黏合剂性能的要求。

不仅如此，官式建筑糊饰用的浆糊还很懂得"自我保护"。

黏合剂所施涂的纸张、绫绢、木壁等材料中富含大量的植物纤维，极易遭受病虫害的袭扰。尤其是皮蠹、粉蠹、衣鱼、书虱、黑曲霉菌等生物，上好的木材就是它们的美味珍馐，啃起来狼吞虎咽。

因此，官式建筑内檐棚壁糊饰一直有在浆糊中添加中药材来防蠹驱虫的传统。有档案记载，早在乾隆年间，裱作工匠们就采用在浆糊中添加番木鳖、黄柏、秦艽、白矾等药材，熬水调制糊饰浆糊的方法，对棚壁防蠹驱虫了。[1]道光年间还采取了雄黄粉冲制浆糊以避虫的方法。[2]到了现代，官式建筑内檐棚壁糊饰中多采用在浆糊中加黄柏、花椒等方法。

防蠹浆糊的药材配方一般属于工匠最核心的技术机密，独家配制，甚少外传，而且使用的配料各有不同。在中国传

---

　　[1]　中国第一历史档案馆，香港中文大学文物馆编：《清宫内务府造办处档案总汇》，人民出版社，2005.09.第47册67—68页，原文："糊饰糨子内仍用番木鳖、黄栢、蓁艽、白矾熬水冲糨糊饰，似可不致再有虫蛀之虞。"

　　[2]　中国第一历史档案馆藏：《活计档》，胶片20号，原文："道光十七年八月初一日传旨九月糊饰养心殿西暖阁勤政亲贤及东边小夹道，……三希堂棚顶现糊蜡花纸，改糊本纸，用雄黄面打浆糊底然后糊面，于九月间进匠钦此。"

配置浆糊的中药材

统医药文化中，很多药材，如花椒、黄柏、番木鳖、皂角、滑石、冰片、樟脑、白芨、白矾、黄蜡油、艾草等，都有祛湿、防虫的功效，在官式建筑内檐棚壁糊饰时可根据实际情况选用。但选配药材时应注意混合后的药液应无残渣，且药性稳定，能够缓慢释放并存续一定时间。不然，保质期太短，挡不住虫蠹对美食的疯狂。更考究的是，药材的药性要对虫蠹"残暴"，把它们驱赶得远远的，还得对人类、木材和纸张"温柔"，不能伤害他们，同时也不能影响或较小影响浆糊的黏合性能。至于颜色方面，因为添加防蠹药材的黏合剂一般施涂于白樘箆子和背纸层面，而不用于面纸层。所以只要着色相对稳定，不容易因为受潮等环境变化晕染纸面，那么对药液颜色的限制便可以适当放松。🌸

07

浆糊是怎样"炼"成的

臭烘烘的发酵缸

浆糊的好坏决定着官式建筑内檐糊饰棚壁的性能和质量，要想学习糊棚，就得先学会怎么打浆糊。

浆糊要黏度适当、水分适度、质地绵柔、形状稳定、没有结块、不易腐坏，否则便会导致糊饰棚壁爆裂、褶皱、病害等质量问题，而且影响美观。制糊技艺在任何裱糊行业中都属于核心技术，甚至有些工匠只把它传授给自己的儿子和最器重的徒弟，可见制糊技艺在裱糊技艺中的地位。传统书画装裱的作品尺幅相对较小，粘贴范围也相对较小，用糊量少，裱糊后的作品大都存放在暗室、书房等更利于贮藏的环境。相比之下，官式建筑内檐棚壁糊饰时所使用浆糊的涂抹面积和用糊量则大得多，应用环境也更为复杂。这也导致了官式建筑内檐棚壁糊饰用糊制作技艺的独特性。

官式建筑内檐棚壁糊饰技艺主要有传统发酵型浆糊制作技艺、小麦面粉手洗面筋制糊法和工程用防蠹浆糊制作技艺3种。前文我们提到，官式建筑内檐棚壁糊饰技艺所使用的浆糊原料为小麦淀粉。可是，在古代没有机器辅助的情况下，如何从面粉中提取淀粉呢？智慧的古人创造了发酵的浆糊制作技术。

关于发酵型浆糊制作技艺，文献中早有记录，如古籍中的"酸臭作过"[1]"以臭为度"[2]中的"臭"，讲的就是面粉发酵时产生的带酸臭味的挥发性气体。在古代没有现代工业试剂和碾磨工具的情况下，发酵是一个很好的提取淀粉的

等待发酵

[1] [明]高濂：《遵生八笺》，浙江古籍出版社，2017年，第626页。
[2] [元]佚名：《居家必用事类全集》明隆庆二年飞来山人刻本·戊集，第400页。

方法，尤其对于内檐棚壁糊饰工程所需要浆糊来说，它的淀粉使用量巨大，对浆糊细腻程度的要求相对不高，因此"发酵法"就成了传统内檐棚壁糊饰技艺浆糊制作最常用的手段。在王敏英记忆中，直到20世纪八九十年代，她还在故宫修裱老师傅的带领下，跳进沤浆糊的大缸中撇过发酵浆糊的臭水。

在元无名氏所著的《居家必用事类全集》、明万历高濂所著的《遵生八笺》、明万历冯梦桢所著的《快雪堂漫录》和清周二学所著的《赏延素心录》这4本书中，记录了4种发酵型制糊方法的操作步骤。

《居家必用事类全集》是4本书里面成书最早的一本。书中，作者提到在当时制作浆糊需要先在盆里注水，然后把面粉均匀撒在水面，静置等待面粉自然沉淀发酵。这个过程在夏天需要5天左右，冬季则要延长到10天。这时，盆里散发出臭味，就可以把上层的水倒掉，只保留底部的沉淀物，也就是提取好的淀粉。加入白芨水、过筛白矾搅打成浓糊状，再加入桐油、黄蜡、芸香充分混合，揉成一个大面团。加水上锅煮，熟了之后把水倒掉，剩下的糊团就是浆糊坯子了。等它自然晾干后，再泡在水中保存，每日换水，用的时候取一块下来，加入热水调制即可。[1]

《遵生八笺》中记载的方法则是将白面直接泡入水中三到五天，等酸臭味弥散后取粉。在花椒水中加入白芨、黄蜡、白芸香、石灰末、官粉、明矾熬煮化开，倒入提取的淀粉中搅拌成糊。[2]

《快雪堂漫录》和《遵生八笺》同创作于明万历年间，但是《快雪堂漫录》记载的制糊方法更精致些。白面不直接浸泡，而是先将面加水揉制，并分割成手掌大小的面团，然后把面团丢进加了花椒、明矾、黄蜡等药粉的水中煮。等锅里的面团像饺子一样一个个漂浮在水面上，就说明煮好了。捞出面团，这时才把它们放入清水中浸泡发酵。至弥散臭气

---

[1] 出自《居家必用事类全集》，明隆庆二年飞来山人刻本·戊集，第399页-400页，原文：法糊：瓦盆盛水，以面一斤掺水上，任其浮沉。夏五日，冬十日，以臭为度。沥浸面。清水煎白芨半两，白矾三分，去滓，和所浸面打成浓糊。入桐油、黄蜡、芸香等各三钱重，就锅内打作一团。别换水煮令熟，去水倾置器内。候冷，日换水浸。临用以汤调开。

[2] 出自高濂：《遵生八笺》，浙江古籍出版社，2017年，第626页，原文："白面一斤，浸三五日，候酸臭作过，入白芨面五钱，黄蜡三钱，白芸香三钱，石灰末一钱，官粉一钱，明矾二钱。用花椒一二两，煎汤去椒。投蜡、矾、芸香、石灰、官粉熬化，入面作糊，粘背不脱。"

且水体表面产生白色悬浮物后，撇去浮物换水，数次反复，直至不再有臭气和漂浮物。将面团取出晾干，使用时加入白芨水搅拌。[1]

《赏延素心录》中记载的方法就讲究了。要求使用充分暴露的雨水——"陈天水"，在其中撒入透白细腻的面粉，沉淀发酵后换水。反复多次直至不再弥散酸味气体，取底部沉淀晒干备用。再以"秋下陈天水"加入白矾与晾干的沉淀物，揉捏成团，放入水中煮熟，晾凉后泡入"前水"中，每日换水。使用时必须"千杵烂熟"，再加入"前水"搅拌成糊。[2]

将4种制糊技艺的技术要点提炼如下：

4种古籍载记制糊技术

	《居家必用事类全集》	《遵生八笺》	《快雪堂漫录》	《赏延素心录》
是否需要煮制步骤	是	否	是	是

---

[1] 出自[明]冯梦桢撰：《快雪堂漫录》，中华书局，1991年。
[2] 出自[清]周二学：《赏延素心录》，中华书局，1985年。

续表

	《居家必用事类全集》	《遵生八笺》	《快雪堂漫录》	《赏延素心录》
发酵步骤在煮制步骤前或后	前	/	后	前
发酵程度为单次发酵或多次发酵	单次发酵	单次发酵	多次发酵	多次发酵
添加剂	白芨水、白矾、桐油、黄蜡、芸香	花椒水、白芨、黄蜡、白芸香、石灰末、官粉、明矾	花椒、明矾、黄蜡、白芨水	白矾
添加剂混合步骤在发酵前或后	后	后	前	后

　　通过上面的表格我们可以发现，从元到清五六百年间，发酵型制糊法在一定程度上被继承下来，并有所发展：对面粉的发酵由最初的"闻臭即止"过渡为"不臭为度"，发酵后基本需要进行高温杀菌，白芨、花椒、白矾等药剂作为主要添加物被广泛使用，以进一步杀菌、防虫霉、增加黏性。将做好的原料或晾干，或放凉后浸泡水中，且每日换水，待

使用时再加水调制成糊。

虽然因为这些糊方的记录者本身并不是工匠，也不是专门研发制糊技艺的科学家，或许他们的记录只是对个人收藏文献所进行的一般性整理，甚至是对当时制糊技艺的"道听途说"，不可能像工匠一样对技艺有准确、精确的认识。但依然不妨碍我们通过这些记录，窥探彼时制糊技艺的大致情况。

王敏英老师在讲述年轻时"捞臭浆糊"的故事中，也回忆了当时用发酵法制作浆糊的大致工序：先将温水缓慢注入盛放在缸内的面粉里，同时充分搅拌，形成无结块的面糊。再用席子将缸口覆盖，放置于背阴避风处，任其发酵产生臭气。然后撇去表面浮物并换水再泡，反复多次至无臭气弥散状态后，取底部沉淀物加入沸药水冲制搅打成糊，凉凉后泡入凉水中储存。存好的浆糊要求每日换水，夏季须早晚各换一次，使用时加水调和。此技法与文献中描述的技法基本吻合，可见发酵型制糊技艺处于一种非常稳定的传承状态，在传承的几百年间都没有发生太大的变化。

好吃的面筋

在传统裱糊技艺中，还有一种常见的提取淀粉的方法，就是通过挤压揉搓的方式，把淀粉从面粉团中"洗"出来，然后再把它配制成浆糊。这种手洗面筋制糊法更适用于小范围的修补，用糊量不大而且急须使用、来不及发酵的糊饰项目。

手洗面筋制糊法工艺简单，仅仅需要将面粉加水揉制成面团，找一个装满水的大盆，然后就可以开"洗"了。把面团取一小块握在手中，在水中揉搓冲洗，直至淀粉脱离沉淀，原本的面团最后只剩下淡黄的"面筋"，一个面团就"洗"好了。把剩下的面团同样搓洗完成，静置片刻，待淀粉全部沉底后沥干、过筛，再加入热水搅打成糊状即可。

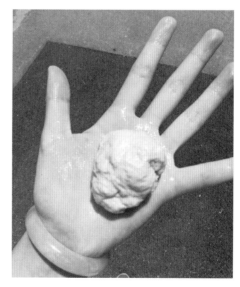

"洗"出来的面筋

友情提示，如果手够干净的话，洗好的"面筋"不要丢，蒸熟切块，拌上调料，隔壁小孩馋哭了。

　　没错，这种制糊法和做凉皮差不多，"洗"出来的面筋就是凉皮里的面筋，过滤出的淀粉加水稀释上锅蒸好就是凉皮。

　　手洗面筋制糊法制取浆糊，有两个关键诀窍：

　　首先是洗面筋的手法，一定要用手掌托好面团，用手指把面团向掌心边聚拢边按压，配合手掌向掌心内包裹，这样淀粉才能很快地分离出来，而且不会让没洗好的面团碎落至水中。也可以将全部面团用纱布包好，放入冷水揉搓，或直接放进水中揉搓。不过这样搓洗出来的淀粉杂质较多，需要反复过筛搓洗。洗好后沉淀时间也比较长，需要一至两天，而且杂质会在一定程度上发酵，因此淀粉沉底后，上层水体的颜色会发黄，但这并不影响淀粉的使用。

　　第二个关键点就是冲制浆糊时，需要先用少量温凉水将淀粉搅拌均匀，再边注入开水边顺一个方向搅打成糊。另须注意，若使用的淀粉为未烘干的湿淀粉，温凉水的用量应比使用干淀粉时少一点，否则可能因冲制时温度不够，导致制作出的浆糊过"生"，影响黏度。

现代修缮工程里的浆糊制作

手工浆糊的制作工艺，可按面浆的加热方式分为"冲浆法"和"煮浆法"。"冲浆法"顾名思义，就是用热水缓慢冲入浆水，边冲边搅拌，直至浆水糊化至半透明状。而"煮浆法"则是用锅将浆水隔水加热，边加热边搅拌成糊。两种方法所制取的浆糊并没有明显差异，均为传统手工制取浆糊的常用方法。但在官式建筑内檐糊饰棚壁修缮工程中，因为集中修缮的工程用糊量大，且煮浆法对工具、火候等要求更高，出于对文物古建区域环境安全的考虑，工程多使用冲浆法制取浆糊。

工程用防蠹浆糊直接使用机器加工的小麦淀粉。制作时，首先混合淀粉水。将小麦淀粉放入桶中，粉量不要超过桶容量的十分之一。拌入凉水，水量按照匠师的说法是：混合好的淀粉水达到"挂手"的程度即可。经过试验，此步骤注水量约为粉量的3.5倍。淀粉水须搅拌至无结块状态，这一步的目的是让淀粉和水充分混合，以方便淀粉在冲制

淀粉混合冷水后"挂手"效果演示

时均匀受热，尽可能地减少"生疙瘩"。

然后开始熬煮防蠹药水。将黄柏、花椒等中药材包入纱布内，冷水浸泡半小时后煮沸。药材的配方与浓度视使用环境与防治对象的不同有所变化。

一般来说，背纸部分越靠近白橙箟子的内层施药浓度越高。这样既可以达到有效防治文物病虫害的目的，又可以尽可能地延长药性存留的时间。而越靠近面层，使用的浆糊药量越少。如果背纸防虫处理做得好，最外层糊贴面纸的浆糊甚至可以不含药物。这样既可以节约成本、避免浪费，又能满足成品无色、美观的审美需求，同时还能减少药物对糊饰材料及面纸颜料有可能造成的腐蚀，提升糊饰棚壁的耐久性。

接下来，要把熬煮好的热药液缓慢注入盛有淀粉水的桶内。由于淀粉水静置时水中淀粉会沉降，因此，如果之前调配好的淀粉水没有马上使用，那么冲制药液之前还需要再次搅拌，使淀粉水混合均匀。

在注入热药液的同时，应使用搅拌棍垂直探入桶底，顺一个方向快速搅拌，以尽可能使桶内的淀粉水均匀受热并完成糊化。搅拌速度应保持在每分钟120圈左右，若速度太快会导致成糊不绵润、有颗粒，速度太慢则导致糊化不均匀、有生团。搅拌时淀粉水会快速膨胀，颜色向半透明转化，形态也由絮团状向糊状转化。

这个步骤可费力气啦。因为用量大，所以冲浆糊的时候一般一冲就是一大桶，这对于肱二头肌不发达的人（比如我）来说，可太不友好了。刚注热水、糊还比较生的时候，搅拌还能勉强跟上，但要维持一种快且稳的搅拌动作也绝不是一件容易的事。等热量上升，桶里的淀粉水开始糊化，黏性越来越大，搅拌棒跟长在桶里似的，我人都快晃起来了，插在桶里的搅拌棒也只有气无力地摆两摆。还是师兄出马才把那桶浆糊救回来。而且糊的温度很高，操作不熟练容易烫伤，小朋友们可不要轻易尝试。

"过筛"工序

搅打好后的浆糊须"过筛"，使浆糊通过细筛网或细纱布过滤至另一干净桶内。倾倒浆糊时，要注意速度不能太快。过筛过程中可用软毛刷抹刷筛面，提升过筛效率，确保制作好的浆糊没有结块和颗粒。等浆糊充分冷却后，就可以使用了。

因为浆糊在散热的过程中，还会进行一定程度的糊化，所以有些匠师会在冷却两小时后，再次加入少量温水搅拌。

使用前，要确保浆糊完全放凉，最好隔天使用，以保证浆水的糊化彻底完成，使浆糊的膨胀度基本稳定。这种把刚制作好的浆糊放置一定时间再去使用的方式被工匠称为"过性"。所谓的"性"即暴性，也就是浆糊糊化不完全，导致浆糊干燥后收缩变化加大的不稳定特性。使用"过性"后的浆糊裱糊纸张，纸面不容易张裂。

若浆糊非当天使用，需在浆糊过筛后，平整表面，注入凉水，没过糊面10厘米，并且每隔半天换水一次，以此来隔绝空气防止浆糊变质、干燥。使用时将陈水倒掉，把稠糊尽可能搅散或捶烂，加水调配至合适的浓度。

在糊饰的不同工序中，所使用的浆糊浓度也是不同的。如"揉浆"工序所使用的浆糊是最稠的，因为需要通过浆糊在白橙篦子表面的附着，加大木头表面的摩擦力，从而使纸张和木头表面结合得更加牢固。而"合纸"时，所使用的浆糊就稀很多，这样才能让浆糊更好地浸润纸张，使施浆纸面纤维的连接重塑，从而使纸张黏合得更紧。🌼

08

糊饰工序大揭秘

糊饰技艺概况

官式建筑内檐糊饰棚壁的制作工序技艺，是官式建筑内檐棚壁糊饰文化的载体，也是官式建筑内檐糊饰棚壁耐久、保暖、美观等功能及需求得以实现的途径和保障。

官式建筑内檐棚壁糊饰技艺从狭义上来讲，就是指官式建筑内檐棚壁糊裱的工艺技巧。通过这项技艺，完成了纸张等材料向官式建筑内檐糊饰棚壁的转化。受技术水平进步，以及社会审美、施工条件、建筑老化程度等方面的影响，历史上产生了很多种官式建筑糊饰棚壁的做法，仅在故宫就发现了"三锭""平棚""卷棚"3种顶棚做法，以及直接在砖上裱糊、在木板上简单用油灰捉缝裱糊、在木板上彻底做麻灰裱糊、在木板上彻底做麻布地仗裱糊和用木条做成白樘箅子后裱糊5种墙面裱糊做法。

其中，"用木条做成白樘箅子后裱糊"这种做法是最常见的做法，所使用的裱糊技法也是官式建筑内檐棚壁糊饰技艺中技术水平最高、应用范围最广的一种。主要包括清扫白樘箅子、揉浆、合纸、扒登、补登、通片、裱糊面纸7道必要工序，和熟席与铺席、膨沟、撒鱼鳞、夹麻等视施工情况妥善采选的机动工序。关系如下图。

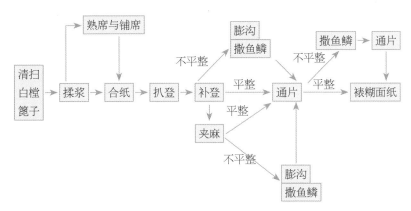

官式建筑内檐棚壁糊饰技艺流程图

接下来我就为大家详细介绍这种"最经典"的糊饰技艺
的具体操作步骤。

清扫白椠篦子

所谓白椠篦子，即官式建筑内檐墙体和顶棚常用的木质
骨架。由木椠条扎钉搭建出网格状平面，上面裱糊纸张进行
糊饰，对棚壁糊饰起到稳定、支撑的作用。白椠篦子的网格
边长通常在15厘米到20厘米之间。

官式建筑内檐棚壁糊饰的第一个步骤，就是对白椠篦子

进行彻底的清扫。可别小瞧了这一步，要是不把白榾篦子清理干净，会直接影响之后的黏合。尤其是篦子表面的灰尘会造成糊好后的棚壁空鼓起翘，影响美观的同时，也不利于棚壁保持"健康"。清洁白榾篦子还可以防止木材中留下黑曲霉菌、虫卵等不安分的小生命，尽可能地防止它们对篦子和纸张的污染侵蚀。

白榾篦子的保洁范围应包括白榾篦子椴条的各个面，以及虫洞、折角等较难清理的细微部位。要是发现白榾篦子患有破损、塌陷等"恶疾"，还要交由木作团队"医治"。如果只是存在轻微歪闪、虫洞等小病痛，没有影响到白榾篦子的坚固性和承重性，那么通过后续的裱糊治疗技术，就可以让它"康复"。

清洁篦子时，首先要把棚壁上残留的纸迹清除干净。而且出于文物保护的考虑，清除残迹时要尽可能地保证纸张完整，毕竟这些残片都是研究古建筑宫廷装潢的重要资料。

清洁所用到的工具主要有喷壶、硬毛刷子、小铁铲。清洁的主要步骤如下。使用喷壶向篦子均匀喷洒清水，稍待浸润后，用铁铲将残余的纸迹铲除，并用硬毛刷子将篦子上

白檀箅子清扫

各面的灰尘及黏合剂残留清除干净。硬毛刷子有很好的支撑力，可以深入虫洞缝隙，把里面的脏污刮下来。清理时还要注意白樘篦子表面有无松动、生锈的钉子，及时拔除或修复。为了保障作业人员的安全，清理过程中须洒水降尘，作业人员佩戴好口罩、帽子等防护用具。

清理完成后，要等待篦子晾干，才可以进行下一道工序。

随着科技发展，吸尘器、文物除尘布等越来越多的新工具也逐渐进入白樘篦子的清洁作业中，在不伤害文物的前提下，大大提升了清洁效率。

揉浆

揉浆，即使用添加有黄柏、花椒等防虫抗菌药物的稠浆糊，对白樘篦子进行的一道预涂处理工序。其目的是可以对虫洞等瑕疵进行填补，同时浆糊中的药物可进一步灭杀虫害，并起到预防作用。同时，还能通过稠浆糊晾干后的附着性和稳定性，增大纸张与白樘篦子表面的摩擦，构筑纸张纤维在与木头黏合时的着力点，从而提升糊饰棚壁的使用寿命。

从揉浆的命名可以看出这道工序对上浆手法的要求就是一个字：揉！

上浆时，须用腕部力量将药浆糊按、揉，带至篦子，据观察，此种手法与直接刷涂相比增加了浆糊对木头的浸润程度，并在木头表面形成更多糊痕凸起，且凸起更为细腻均匀。揉浆的范围包括白樘篦子的三面，即棂条两侧和纸面接触面。操作时最好使用材质较硬的棕刷，若刷毛太软则难以

揉浆工序

完成揉的动作，而且还不方便在对篦子侧面均匀上浆。

揉浆完成后等待风干，必须风干至浆糊完全硬化，按压不变形，才可进行下一工序。

熟席与铺席

熟席和铺席是针对顶棚糊饰的一道保护性工序。讲究一些的工程会在白樘篦子上方（近脊面）铺席子，多为竹席、高粱秆席、藤席，其目的主要是不让灰尘和老鼠等生物直接蹦跶到背纸上"为非作歹"。

席子由搭建白樘篦子时留下的通风口送到棚架上方，工作人员也由通风口钻入，将席子整理铺平，并用钉子固定。固定时钉子并不会钉死，而是在钉帽与席子间留有一定空间，使席子可以上下活动，方便检修和拆除。这种钉法在木作里被称为"砦"，因此这一步也叫"砦席"。铺设的席子要一对一定制，以保证席子尺寸合适，边沿可以正好平搭在白樘篦子的棂条上，防止席子的边边角角耷拉下来，让脏污灰尘坐着"滑梯"溜到背纸上。

而熟席呢，就是在铺席前，用蜡块均匀涂抹席子正面或正反两面。这样可以更好地封护席子表面上的缝隙，从而尽可能地隔绝空气、水、灰尘等的渗透，延长它的防尘性能和使用寿命。

具体的操作方法很简单，把席子平铺在操作台上，用蜡板在席子表面刮擦。但是要注意，上蜡时不能东一榔头西一棒槌，必须一下挨着一下擦，不然蜡上得不均匀，且容易遗漏，就白白浪费工夫了。

沈阳故宫飞龙阁糊饰棚壁顶铺的席子

合纸

合纸是官式建筑内檐棚壁糊饰技艺中的准备工序，就是对扒登、补登、通片等工序中使用的纸材进行预处理。

熟悉造纸的朋友应该清楚，纸张在抄纸过程中会造成纸纤维顺向排列。这就导致纸张撕拉强度是有差异的。大家可以拿一张手帕纸撕拉感受一下，是不是一个方向挺好撕开，另一个方向就稍微难撕一点。纸纤维越长，撕拉强度的方向差异就越明显，这就对糊饰不利了。糊饰的面积很大，纸张在长期的使用中，随着湿度的变化，会受到多个方向力的拉扯。要是纸张只有一个方向结实，另一个方向不结实，那么糊好的棚很容易就会散架。

为了解决这个问题，就有了合纸这道工序。把两张纸稍微错开一些角度贴起来，就形成了一张更厚实的、哪个方向都不怕拉拽的纸，这就是合纸。

很多装裱技艺中都有合纸这道工序，但此前一直没被重视。王敏英却对这道工序十分看重，总结出一套非常实用的合纸方法。

在合纸前，王敏英首先要卷纸筒，并在卷的过程中对纸

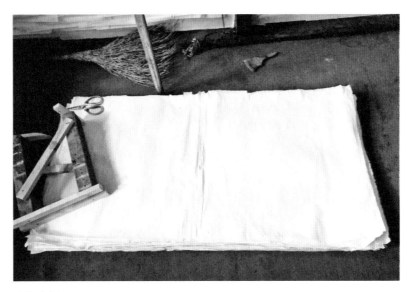

合好的纸

张进行筛选，将纸色差距过大、破损的纸张剔除弃用。卷纸筒可以方便上纸的工作，方法是先取一张纸，把纸的短边向上翻折约10厘米，对折处不要压实，借助弯着处支撑起的弧度形成轴心，再翻折向上卷成空心纸筒。翻卷时要一手向上搓卷，另一手拢握卷折处，双手施力均匀，使纸筒平衡翻卷。卷好的纸张两端齐整，紧实不松动。然后再以纸筒为轴卷第二张纸，如此往复，卷到一手能握住的厚度为限。如果纸筒松散，可以双手操纵纸筒在操作台多滚几下，即可绞紧。

纸筒卷好后就可以开始刷浆了。合纸所使用的工具主要有毛相对软的排笔和毛相对硬的棕刷排刷以及更硬的棕刷胡刷3种，分别用来刷浆、上纸和晾纸。

刷子之于裱糊匠人就好比将军的武器，是可以传家的宝贝。好的排笔刷毛密实、纤细，软而不塌，柔韧有弹性，并且不掉毛。好的棕刷硬而不刚，细密厚实，捆扎紧实、稳固。

所谓刷浆，就是往纸上刷浆糊。合纸使用的浆糊非常稀薄，若浆糊过厚，刷浆不流畅，容易扯破纸面。将纸张横向平铺在操作台上，用搅棒将浆糊搅拌均匀后，把排笔刷毛浸没于盛浆盆内，并轻轻晃动，使刷毛均匀蘸取浆液。然后提起排笔，在盆沿轻轻刮抹，去除多余的浆液。从纸张右侧中部位置开始下手，斜着向上下两端均匀涂抹，一笔

好的棕刷排线密实

挨着一笔，不能跳刷，使纸张均匀润涨。刷浆用力要适度，在不扯损纸张的前提下，尽可能地通过刷抹将纸张下面鼓起的小气泡推出去，直至纸张表面均匀刷满浆糊。

接下来就到了上纸环节。左手持卷好的纸筒，右手持棕刷排刷，将纸松出一小截，定位贴合在刚刚刷好浆糊的纸面上。纸头应比底纸靠左3厘米以上，如果是在挂杆上晾晒应视挂杆粗细预留5～10厘米，不然合好的纸张太结实，就不方便揭下来了。然后像前文中说的那样，稍微旋转一个小角度，使合好后的两张纸纤维纹路自然错开，再把上层纸的边沿固定下来。经过大量实验，王敏英发现这个角度在小于16度的时候纸张抗张强度最大。接着，一边放纸，一边用棕刷上下将纸张刮平、贴合于底纸上，并继续尽可能地排出贴合部位的空气。

贴好后不要急着晾纸，还得进行一道纸张吸湿工序。

将上好的纸张左侧端向上翻起约10厘米，拿出刚刚用过的纸筒，卷心朝上松出一小截纸，叠放在翻起的纸面上，拎起叠好后纸角的两侧向右侧一送，纸筒最外层的纸张就平铺在刚刚合好的两层纸下方了。这个动作可是我最喜欢的环节，非常具有观赏性，操作起来仿佛在舞蹈，行云流水，漂亮极了。

　　然后用棕刷排刷再次刮平、排实纸面，使纸张均匀吸收底纸中的水分和多余的浆糊。这样既可以使合好的纸张干燥速度更快，提升合纸效率，又可以使浆糊更彻底地浸润纸张，让纤维更好地交错，完成纸张重塑，提升黏合的牢度。同时，还可以使吸湿用的纸张提前润涨，直接作为下一套合纸的底纸，减少刷浆时的用糊量。

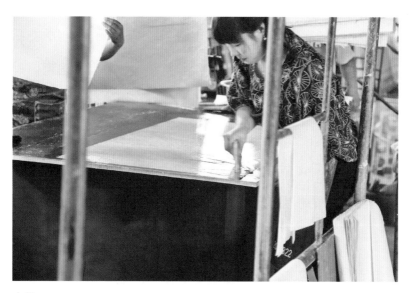

合纸

终于到了晾纸环节。与书画装裱中需要将纸张全部贴合、固定在晾板上的晾干方式不同的是，在棚壁糊饰中的晾纸环节只须将纸张一侧的边沿固定，剩下的纸面自由垂坠晾干，王敏英将这种晾晒方式称为非限制干燥法。这样做的好处是给合好后纸张的再次润涨留有余地，使通片等工序中上浆、裱糊时不会影响纸张的抗张性能。

将纸右侧底纸预留出的位置上用排笔抹上浆糊，左右手食指与中指夹住纸张右侧两端，并用其他指头辅助托好纸张，防止拎起时扯断纸面。右手在食指与纸面间平夹一干净的棕刷，刷毛向左。然后将纸张轻柔拎起，移步至晾板前，将纸张右角刷浆处压在板上。抽出右手，持握棕刷向右抹平纸张与面板黏合部位，再向左抹平剩下的黏合部位。接着用棕刷刷毛细密均匀的敲砸黏合处，使纸张牢固粘贴在晾板上，等待干燥。

因为纸张吸收紫外线后，会加速纸张的老化，因此晾纸最好在室内阴干，或在室外条件允许的情况下，在背风阴凉处自然晾干。

当然，对"左""右"的规定只是为了让大家更好地厘

苎麻的非限制干燥

清操作逻辑顺序，有一些步骤如果方向不对，容易导致未干透的纸张散开，实际操作时，作业人员可根据个人习惯和现场情况灵活调整。

　　除此之外，合纸工序中还有很多讲究，如合纸前必须把操作台擦干净，刷子使用前须检查修剪，使用后须洗净晾干等，这些都是为了提升合纸效率、保证合纸质量。

王敏英演示合纸刷浆工序

王敏英演示合纸上纸工序

王敏英演示合纸吸水工序

王敏英演示合纸晾纸工序

扒登与补登

　　"扒登"又被称作"梅花盘布"，是将合好的纸张裁成稍宽于笆子孔径方块。按隔空的方式将方块裹贴在笆子上，站在远处看，如同国际象棋棋盘一般黑白交错。粘贴时纸张方向应扭转45度，纸面边沿与白樘笆子木棍条构成对角，这样，纸张四角多出的部分即可向上翻卷，裹贴在白樘笆子的侧面，从而增加纸张与篦子的贴合面，提升棚壁耐久性。

　　"补登"即是以平贴的方式对"棋盘"所留的空档进行填补。

　　通过扒登与补登完成了纸张与白楻篦子的第一次接合，共同构成了棚壁的基底，大大提升了棚壁的耐久性。扒登和补登也成为官式建筑内檐棚壁糊饰技艺中最具标志性的技法之一。

"梅花盘布"裹贴法

夹麻

夹麻工序即在官式建筑内檐棚壁中裱糊一层麻料。有的做法是在合纸工序中应用此道工序：先将麻料夹在两张纸间合纸，然后再用合好的纸进行通片裱糊，这种做法叫"两纸夹一麻"。除此以外，也有在扒登、补登后直接通一层麻的做法。

夹麻在清代早期中期较为盛行，清康熙年间建造的长春宫顶棚糊饰便采用了"两纸夹一麻"的做法，清晚期逐渐弃用。在棚壁中夹麻虽然可以提升棚壁平面的撕裂度，但是对于纸层间的黏合有极为不利的影响：麻料的构造、纤维都与纸张不同，不能通过浸润重塑的方式与纸张紧密贴合。而且麻料粘贴的贴面是线状的，形成较大孔隙，这就导致裱糊必须通过更稠一点的浆糊填补空隙加大黏度。时间一长，浆糊有可能脆化脱落，造成黏合松动，空气进入缝隙还易滋生病虫害。尤其对于现代编织法生产的麻布，这种问题更为凸显。

因此，找到更为适合的麻料成为官式建筑内檐棚壁糊饰技艺夹麻工序重现的重要条件。

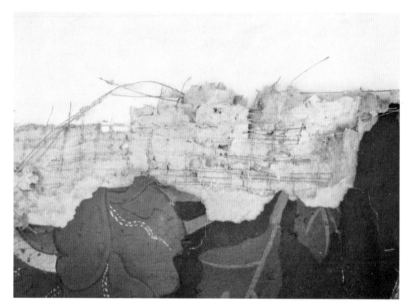

长春宫海墁天花中的夹麻

膨沟与撒鱼鳞

"膨沟"与"撒鱼鳞"其实都是用来找平的工序，也就是古人修缮糊饰棚壁的技术。

在白槾篦子平整无凹陷，扒登、补登后棚壁平整无明显缝隙的条件下并不需要这两道工序。然而，随着建筑逐渐老化，白槾篦子歪闪、凹陷的问题就会逐渐出现，膨沟和撒鱼鳞的重要性会逐渐显现出来。

"膨沟" 就像打补丁

膨沟适用于沟状、洞状不平整表面的填补。其实就是像打补丁那样，用纸张覆盖住坑洞，并将表面绷平。

撒鱼鳞则适用于平面凹陷的矫平。如承德避暑山庄烟波致爽殿东暖阁的东墙，因其年代久远整个墙面都向内凹陷。面对这种情况，可以将纸张裁成长条，长条的宽度与长度视墙形走势而定，一般来说，凹陷越严重，长条越宽；凹陷弧度越大，长条越短。在长条顶部的五分之一到三分之一的位置刷涂浆糊，粘贴于墙面，上盖第二条，以此类推，形成一层层一头紧贴墙面排列，另一头悬浮的组合。远远看去，纸条好像鱼鳞一般层层压叠，因此被称为"撒鱼鳞"。

墙面凹陷越严重的，鱼鳞撒得越密。从侧面看，撒鱼鳞实际上是在新旧墙面间构建了一个个灵活的小三角形，既可以对之后通片覆盖形成的新墙面实现稳定支撑，又比较随形，不会像硬性支撑那样，对已经歪闪的旧墙表面平不平整要求很高，而且不会有戳坏纸张的风险。

经过撒鱼鳞工序施工后的墙面，因将面层纸张与实体木质或砖质材料墙体隔开空间，因此缩小了干湿度对不同材料伸缩性差异的影响，在防潮、稳定性等方面都更加出色。

撒鱼鳞

通片

在找平工序完成后，便可用白纸平贴覆盖，平整墙面，这一工序被称为"通片"。

通片时须工匠分工合作，负责刷涂浆糊的匠人将合好晾干的纸张刷以薄浆搭在撑杆上，递给负责张贴的工匠。张贴时也得两人协作，一人贴，一人帮忙扶着纸。将纸张刷贴在墙壁或棚顶，并用棕刷将边沿砸实。按照一定顺序，平糊满铺完整间屋子内的棚顶和墙壁，才可视为通片工序结束。通

通片递纸

片完全结束后，匠人们才能休息，否则屋子里不同区域的纸张干燥速率不一致，就容易导致纸张晾干时，收缩受力不均匀，出现开裂。

接纸后定位

当一道通片完成后，有时墙面依旧不平整，这时该怎么办呢？不用担心，还可以通过再次撒鱼鳞和再次通片补救。但毕竟浆糊的黏合力有限，这样的补救不能重复太多次，还是要尽可能地保证一道通片的质量。

如果要进行二道通片，就不要再按照第一道通片的方向

糊贴时要用刷子把气泡排出来

糊了。掉个头，一道横着糊的，二道就竖着糊，这依然是利用纸张纤维走向的交错，实现棚壁坚固性、耐久性的提升。

裱糊面纸

通片完成后，棚壁背纸层的裱糊工序就完成了。接下来轮到裱糊面纸的环节，裱糊主要承担的功能也从实现棚壁的支撑、稳定的功能转向实现棚壁的装饰功能。

出于审美和文化内涵的考虑，官式建筑内檐棚壁外观要求平整漂亮，不能有空鼓、翘脚，装饰的图案还必须连续、完整。

要想让棚壁表面平整漂亮，除了前边背纸部分保证质量外，还要做到在裱糊面纸时选用较稀的浆糊黏合剂，以防止浆糊干硬脆裂影响面纸稳定性。等面纸干燥后要在表面均匀洒水，让它二次干燥，这样就可以让表面绷得更紧，看起来也就更平整。和通片一样，裱糊面纸也必须等整间屋子内

印制面纸

都裱糊完，才能停工开窗，以防止干燥速率不一致导致表面褶皱。

给面纸洒水的工具，在传统手艺中主要使用棕刷、扫炕小笤帚这种硬毛刷，通过抖动刷子将水弹到棚壁表面。当然，现代的喷壶等工具同样可用，洒水时注意水量均匀、细密、不滴漏即可。这样裱糊后的墙面无空鼓、无褶皱、无翘边，平整柔韧，且耐久结实。

让面纸图案拼贴连续与完整，看似简单，实则非常考验工匠的眼力和测算能力。图案完整的具体要求，被形象地称为"跟龙到底"和"转角对花"，也就是纸张接缝处图案必须完整不错位，并且面纸花纹中的主要图案，如万字小团龙图案中的团龙、万字锦地延年益寿瓦当纹中的延年益寿瓦当纹等图案，不能出现在棚壁的转角处，缺失的位置须用图案中相对不明显的图案配齐。类似打乱图案原本组合规律、重新组合的图案也应该安排在视线盲区不明显处，比如梁侧、屋角、门侧、门顶等位置。而光线明亮、视线直达的如棚壁中央、顺光后檐等位置的图案，则必须合规律、合模数。

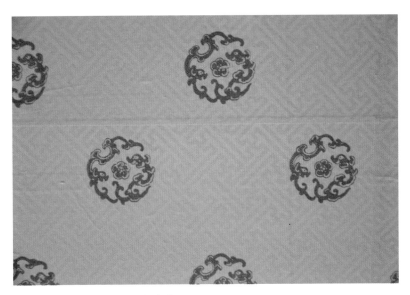

面纸搭缝处要保证图案衔接完整

　　裱糊面纸前，首先要打准线。传统技术中使用的是一种好擦除的肉色染色粉，把它封在布包里，将棉线从中穿过，均匀沾染色粉，定位两点，拉直线绳，轻轻一弹，绳子弹到棚壁表面就形成了一条线痕。现代技术借助投影打线，更加方便美观。按照面纸纸幅，将棚壁分割好，裱糊时就按照准线定位贴糊即可。

　　裱糊顺序也很重要。要从顺光、显眼处下纸，如从后檐向前檐、从中间向两侧，依次裱糊纸张。这样既可以保证重

点部位图案完整，还可以掩藏纸张间的搭口，使棚壁表面更加整洁、美观。✿

09

"看病"前的准备工作

"看病"先得"查户口"

作为文物大国，我们国家对文物修缮工程的管理十分严格。2003年由中华人民共和国文化部通过并施行的《文物保护工程管理办法》中，对修缮工程的立项、勘察设计、施工、监理及验收管理等程序作出明确要求。对文物"动手动脚"可马虎不得，任何一处小小的失误都可能对文物造成永久性损伤。那么，在施工前做好充分的准备工作，就显得尤为必要。

对要修缮的建筑进行充分的背景调查，是官式建筑内檐糊饰棚壁修缮工程程序的第一步。这对于修缮工作的顺利开展，以及后续研究、存档、保护和开发文物工作的展开，都具有重要意义。修缮建筑的背景调查，主要包括建筑历史背景的追溯与棚壁图样分析两个方面。

所谓对修缮建筑历史背景的追溯，就是对施工建筑的建筑年代、使用功能、装潢陈设、修缮记录档案、材料及工艺相关资料、历史照片等进行搜集和考证。当然，时间过去这么久，很多资料都查无可查，即使捕捉到一些"沧海遗珠"，也很难做到百分之百的精确。但我们还是应该尽可能

烟波致爽殿曾是皇帝寝宫

地还原历史真相，这在修缮工程中既属首要，又属必要。

　　修缮不是创造，也不是乱造，如果连建筑最基本的历史背景都不去了解和掌握，只是在今者认知的指导下随意施工，那也就失去了修缮的必要。掌握建筑的历史背景可以为项目的实施带来众多便利。比如了解了建筑的始建年代和修缮记录，就可以大致推断出建筑内部棚壁的结构和受损情况，为设计方案和仿制材料节约时间。

　　我们前面提到过，修复故宫倦勤斋时，专家团队计划仿制糊饰所用的高丽纸。为了能让仿制出的纸张拥有堪比乾隆御制的优越性能，从2002年开始，故宫博物院的专家们就开始大量搜集资料，同时四处寻访厂家，最终在安徽潜山找到了可以生产这种桑皮纸的工匠。但是一开始仿制出的高丽纸比起乾隆原纸的质量差了不少，尽管先后调整了很多次，虽然仿制出的纸张质量大大提升，但依然达不到乾隆原纸的高度。专家们没有放弃，继续搜集资料，终于破解了乾隆高丽纸耐折柔韧的秘密。原来新砍下来的桑树枝条不能直接拿来造纸，必须剥皮处理后贮存1年以上，才能拿来使用。而且存得越久，造出来的纸张性能越好，这个过程叫作"陈化"。果不其然，陈化后桑皮仿制成的纸张质量噌噌上涨，甚至很多数据都超越了乾隆原纸。这就是搜集资料带来的好处。

匾联挂钩

因此，搜集考证修缮建

筑历史背景这一步骤，是绝对不能省略也不该省略的。

除了背景资料，残留棚壁面纸的图样分析也必不可少。

对内檐糊饰棚壁的纸迹残片进行取样分析，并复原图案全貌、复原其印制或绘制工艺，是面纸仿制与相关研究的必要基础。在中国传统文化中，人们对图案有很多讲究，所谓"有图必有意，有意必吉祥"就是这个道理。通过这些图案，可以看到当时使用者的等级或阶级属性、审美志趣、祈愿祝福等，还能反映出建筑的使用功能。对于制度森严的皇家建筑更是如此，只要留心观察，就会发现官式建筑棚壁图案是有很大的不同的。譬如太和殿隔井天花绘制的是威武霸气的正面龙，畅音阁的天花图案又变成了祥和美好的仙鹤捧寿，慈宁宫东庑天花图案由佛教六字真言排列组合，养心殿的裱糊天花则是素面的，历史上多以本纸糊饰。这些图案有的重在彰显皇权，有的寄托福寿安康以及建筑安全不走水的美好祈愿，有的则彰显了主人素雅勤政的品味。同时，反映出所在建筑接待、祭祀、寝居、礼佛、办公、娱乐等不同的使用功能。

当然，棚壁残迹的图案还是古建筑文化研究的重要资料。同样的莲花水草纹天花，清代晚期的纹饰搭配为"沥粉贴金一整两破燕尾云和轱辘"，而紫禁城养心殿东西暖阁的上层软天花纹饰搭配则是"平金开红墨做法四对破如意头和六瓣轱辘"，个中差异也成为专家判断其建造年代及相关技艺萌芽与发展历程的重要佐证。

纸样逐层揭裱

但是，对于糊饰棚壁来说，它的建筑材料主要是纸张、麻纱等软性材料，也就意味着其在保存上面临很大困难。何况在现代具有重要文物价值的糊饰棚壁在当时只是日常使用的消耗品，甚至匠人会在修复棚壁时人为将这些旧纸绢撕掉铲除，导致有些残留纸迹的图案并不完整，因此需要通过多种科技手段和历史资料将图案还原。

除了对糊饰残迹的图案还原分析，在工程准备阶段还应该提前对残片纸样进行试验分析，包括同一个屋内不同层面的棚壁纸样。有些建筑因为多次翻修而保留下多层棚壁，如沈阳故宫文溯阁二层的小团龙印花纸棚顶的内里还有一层花纸棚顶。养心殿东西暖阁，也有平棚做法和五锭做法的两层棚顶。每一层棚壁也是由多层纸张黏合。那么，每层用的什么纸，用的什么样的黏合方式，是否有夹层，夹纱还是夹布等问题都需要在施工前的准备阶段厘清。无论哪一层纸张，都是该建筑历史上内檐装饰的一部分，每一层纸样都可以对修缮施工的纸材选择提供素材，同时也为学术研究和档案记录提供依据。

须知，出于保护等需要，这些官式建筑大修的机会很少，藏在最外层顶棚内的棚壁情况更是少有机会探查，所以，必须珍惜每一次修缮前的勘探分析，并尽可能细致全面地摄录样貌、采集样本。

文溯阁二层棚顶外层小团龙印花纸

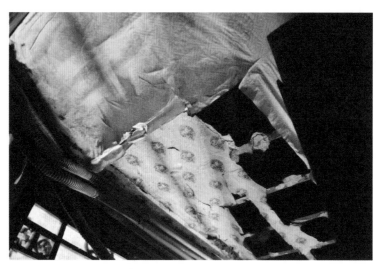

文溯阁二层棚顶内层花纸与内外层位置关系

诊断病因很重要

如果将官式建筑内檐糊饰棚壁修缮工程比喻成给文物"看病"，那么对棚壁受损情况的评估就好比"诊断"过程，没有诊断，往后的治疗便无从谈起，由此可见这一步骤的重要程度。

要想对棚壁受损情况进行评估，首先应当制定统一的评价标准，我们棚壁损坏划分成以下4个等级：

一、塌毁（A类）：建筑承重结构倒塌、断裂，墙面及屋顶破损，须重建或联合大木作、瓦作、土作等部门整体修缮。

二、严重受损（B类）：建筑承重结构完好，墙体、屋顶等结构相对完整，内檐糊饰棚壁严重破损，白樘箅子垮塌、朽烂，须重新搭建。

三、较重受损（C类）：建筑墙体及屋顶完整，内檐糊饰棚壁背、面纸大面积破损、张裂、脏污等，须整体更换，白樘箅子承重性能整体完好，局部歪闪、开裂、破损，局部固定构件如雨点钉等锈蚀、松动，须修补养护。

四、基本完好（D类）：建筑墙体及屋顶完好，内檐糊饰棚壁整体完好，局部破损、开裂、脏污，须局部修复、更换，并整体除尘养护。

目前，棚壁受损情况主要通过有经验的修复工作者直接观测，配合实验法和取样分析法等手段进行评估。

棚壁表面轻微开裂

观测法主要适用于观测较为明显的损害情况，以实现对棚壁受损情况的整体把握。在观测时要注意保障观测人员的人身安全，佩戴口罩、头盔等防护用具。搬动、跨越文物时要尽可能不损伤文物，既要对建筑棚壁损害的整体情况有所把握，又须兼顾细节，进行重点排查。在任何操作前必须先拍摄、测量、存档，再操作，观测全程须摄录，起到监督操作、资料存档的作用。

实验法主要针对肉眼难以辨别的损害情况的判定，以提升评估的有效性与精准性。借助激光拉曼光谱技术、红外技术、人工模拟技术、微生物试验等科技手段，可实现非接触损害情况测定，为损害成因分析判断提供依据。

取样分析法则是在不破坏文物整体面貌的前提下，选取部分区域的损害情况作为样本，作为棚壁整体损害情况的判断依据。在取样时既要求全面，须涵盖建筑各空间、各棚壁、各构件，同时要求有所侧重，针对不同建筑不同的年限、环境等条件，对易损区域、构件的取样密度与取样比重要适当增加。

棚壁受损情况评估，还应包括损害成因分析。

官式建筑内檐糊饰棚壁被损害原因主要有6种：

第一，是建筑材料本身的质量问题。如20世纪六七十年代的修复工程中曾使用一种劣质宣纸作为修复材料，因其纸

白樘篦子虫蛀痕迹

张纤维过短，木质素含量过高，脆化严重，造成棚壁塌毁。

　　第二，是糊饰技艺手法问题。从民国至中华人民共和国成立初期，社会动荡使得政府糊饰技术人员技术不到位、文物修复工程重视程度不高等问题丛生，也使得当时一些官式建筑修缮工程手法过于粗糙，甚至有的只用一层背纸应付了事。

　　第三，紫外线辐射。糊饰所用的纸张、木篦子等材料中含有木质素、羧基等，可吸附紫外光，加速纤维氧化，降低纤维分子的强度和聚合度。在采光较好的室内尤其靠近门窗等可被阳光直接照射的区域，其糊饰棚壁多老化、脆裂、发黄、掉色。

第四，较差的湿度环境。虽然官式建筑内檐棚壁糊饰技艺通过一些技术手段可以提升棚壁对温湿度变化的适应性与抗张能力，但是糊饰不是魔法，极端的干湿度环境必然会引起棚壁开裂、起皱等问题。

第五，霉、虫等生物病害。常见的生物病害有黑曲霉

古建周边生态好，鸟儿也经常来做客

菌、黄曲霉菌、烟曲霉菌等霉菌，皮蠹、白蚁、烟草甲等昆虫，及鸟、鼠等小动物的侵害导致糊饰的棚壁腐烂、破损、脏污。

说到就到的"罪魁祸首"

最后，就是人为破坏。如尖锐物划损、水浸、烟熏、火烧等。

明确棚壁损害成因可以为接下来修缮计划的制订提供依据。

制定治疗方案与炮制"药材"

前期准备工作完成，就可以给"病号"规划治疗了，也就来到了官式建筑内檐糊饰棚壁修缮工程的最后一步——制定施工方案与仿制材料。

在这一过程中，我们既要关注施工方案如何设计，还要明确方案审核的标准是什么。

施工方案应涵盖施工进度安排、材料及工艺的选择预案、施工场地的搭建与安排、工程工序的设计及预案等内容。

方案审核的标准，要考虑该方案是否符合建筑损害的实际情况与工期、预算；是否符合文物工作要求，包括不破坏文物原本的价值，通过使用传统工艺等手段尽可能还原文物历史风貌，对文物最小干预及最小工程量，对文物损害的根源和隐患如虫害等予以排查及防治，所有施工均可逆等内容；是否符合施工及材料安全的要求，如不使用明火，划定操作区域或搭建专门的操作间保证施工及文物安全，尽可能使用天然、环保对人体无害的材料，添加物酸碱性温和，尽可能减小对文物的损害等；以及是否尽可能实现旧有材料的利用，节约成本。

乾隆帝御笔"抑斋"匾

当旧有材料彻底损坏、无法使用时就涉及了修缮材料的仿制。

在官式建筑内檐糊饰棚壁的修缮工程中，一般须仿制的材料仅有背纸、面纸、白樘篦子以及雨点钉等那么几样，尤以背纸、面纸等纸材的仿制为多。这是因为，比起石材、木材等材质，纸张更容易受损，且耗材量大，如仅仅依赖故宫博物院院藏老料或工程替换下来的旧料，显然无法满足大多数官式建筑内檐糊饰棚壁修缮工程的纸材需要。而修缮后棚壁的整体风貌又必须依托更换、修补后的材料呈现，因此以纸材仿制为主的材料仿制就显得尤为重要。

需要注意的是，官式建筑内檐糊饰棚壁修缮工程在材料仿制时，要对仿制材料的造型、图案、色彩的设计方面严格把关，尽可能还原文物历史风貌。如若历史上存在多层棚壁，或者原棚壁损毁严重无法考证，应参考建筑内檐家居装饰的整体风格、建筑所陈列的使用功能等仿制材料。

另外，仿制的材料的性能应不低于原有材料，尤其在纸张抗张性能、色彩稳定性能等方面，必须不低于甚至超越原有材料，保证修复后的棚壁尽可能"长寿"。仿制材料也

仿制前的拓印

要尽可能天然、环保，并对人体无害、酸碱性温和、安全稳定，同时尽可能节约生产成本。❀

10

施工与验收

人员培训不能少

官式建筑是传承古建筑文化的优秀不可再生资源，对其进行修缮前，对施工人员的培训尤为重要，涉及的培训对象包括项目相关的研究人员、技术人员、监管人员、后勤保障人员等。

随着社会发展，钢筋水泥搭建的现代建筑几乎完全取代了传统木结构建筑在人民生产生活中的地位，这也导致古建筑营建的从业人员急剧减少。能糊棚、会糊棚的工匠数量根本无法满足大型修缮工程。何况，修缮工程面对的是真文物，而不是仿古建筑，所以对工匠的筛选更为严格，不仅要会糊棚，还得糊得对、糊得好，这样一来，满足条件的工匠就更少了。

从20世纪80年代开始，随着市场经济的繁荣发展，古建筑行业逐渐企业化。为了提升施工效率，施工团队也采取了一种类似车间流水线式的分工作业模式。这就导致部分古建筑修缮从业人员对文物保护和修缮技艺的整体认识不足，而且人员流动性强，对技术的掌握也不熟练。在古建筑修缮项目集古建筑保护、学术研究、营造技艺传承于一体的文物保护新趋势下，很多跨行业的人员也会参与到修缮工程中，施工前对相关人员进行培训就更显必要了。

从古到今，官式建筑的每一次大修，都是培养建筑人才的宝贵机会。施工前的全面培训，可以选拔和培养更高水平的修缮人才。帮助从业者不仅仅掌握流水作业中的某道工序，而且对官式建筑内檐糊饰棚壁修缮的完整工序和完整技艺全面掌握，推动官式建筑内檐棚壁糊饰技艺传承与保护。

裱作培训的专家和学员

文物取下要小心

人类对美的追求是无止境的，皇帝也不例外，带图案的天花壁纸远不能满足帝王的装潢兴致，特别是在清代皇家建筑中还有"密不漏白"的装饰传统，导致宫殿内的墙上往往贴挂有大量装饰物。因此在棚壁施工前，须取下这些装饰类文物，以防止施工对文物造成损害。

文物摘取须按照一定的顺序进行。一般为由东到西、由低到高、由小幅到大幅、由悬挂（匾联）到张贴（书画）的

摘取匾联

顺序，以保证现场环境、工作人员及文物的安全。摘取前须对文物张贴、悬挂、摆放位置进行拍摄记录，并分件登记。

横批、福寿方、匾联等张贴悬挂在墙上的装饰品，在古建筑装潢术语中归称为"贴落"。与卷起来收藏的字画相比较，贴在墙上的"贴落"具有尺幅大、悬挂位置高的特点，摘取时要团队配合，搭建脚手架来确保文物安全。长期的张贴、悬挂，让贴落们饱受干湿、冷热、微生物、风力等复杂环境的摧残，摘取时力量平衡稍有偏差就会产生"崩、拔、爆、裂"等问题，导致文物损毁。所以在摘取文物时要格外小心。

匾联摘取时须三人合作，一人拆解栓绳，两人托住匾联左右，防止受力不均歪闪磕碰。张贴类书画在摘取时同样需要三人配合，其中一人操作，两人持画左右上角，以保证在操作时画幅上线齐平。裱糊行当有一种用长竹片制成的小工具，叫"启子"。启子前端像小刀一样磨得很薄，可以轻松插入张贴时预留的启口。启口的位置是工匠约定俗成的，通常位于画幅右下侧。接着，沿启口轻柔地将贴落揭起一角。启子在使用时要尽可能贴合墙壁，避免戳伤画心。之后，操作人员双手提起贴落经剥离墙壁的一端，均匀地向上提拉，剥离剩余部分。在工匠语言中，这个动作叫"削"。"削"画时，画幅提起的角度约有80度。如遇到横批这种较长的贴落，每"削"起一段，就要将画幅启下来的部分以较大的直径空心卷起，防止挤压打褶。

贴落类文物摘取现场

贴落取下来后，任务并未结束，还需要对文物进行清洁保养，最后打包入库。

在长期的陈列过程中，文物会自然落尘，加上长期受到干湿变化等环境影响，文物上的脏污呈现出密度大、黏连性强、显色度高等特点，且含有大量黑曲霉菌等霉菌、皮蠹等微生物及其排泄物。除此之外，紫外线、温湿度差异等自然现象也会对贴落造成破坏。因此文物入库前必须经过清洁养护这道工序，为文物"益寿延年"。

神奇的是，清洁文物表面的"大杀器"不是什么复杂的现代科技产品，而是再普通不过的莜面团。糊饰专家王敏英认为，莜面团相比小麦面粉团或其他擦除式除尘方式，具有对文物磨损小、更易吸附缝隙脏污、黏度适宜、不易掉渣残留等优势。莜面团文物除尘法主要包括以下步骤：

首先，用文物除尘布毛相对较长的一面，将酥脆程度不高的文物表面浮土吸除。使用除尘布时须注意不可反复摩擦，不可歪扭扬尘，亦不可过力下压，须按照一定方向平稳移动，尽可能保质保量"一遍过"。

接着，使用莜面团对文物进行第一遍清理。用热水将莜面和成面团，再加入甘油作为保湿剂，面、油比例为5千克面5毫升甘油。使用时将热莜面团充分揉搓至软弹，散热后揪一小块，在文物表面顺方向滚捻，通过面团的吸附力将脏污粘除。操作时，一定要注意力量适中、动作柔缓。若力量太轻，则清洁效果不彻底，若力量过重、动作过快，面团容易掉渣，且易损伤文物。等面团变脏，吸附能力下降，这时揉搓面团可使面团内部干净的部分置换到表面，面团便可以继续使用。待取用的面团须妥善放置，并遮盖毛巾保湿。

除尘莜面团制作

　　然后，使用添加药物的莜面团对文物进行第二遍除尘，并通过药物的添加实现对文物虫霉病害的预防。面团的制法与上一步制法相似，但和面水要换成特制的药水。水中添加黄柏、花椒等药物熬煮，并掺入石灰水平衡药水酸碱度，控制在对文物安全的7.5酸碱度。黄柏中含有小柴碱和黄柏碱，花椒中含有牻牛儿醇、香茅醛、水芹萜，这些成分可以起到抗菌驱虫的功效。第二遍除尘的手法同样以滚、捻为主，并由此使面团中的药物与文物表面接触，并一定程度残留，渗入纸绢纤维缝隙，预防病虫害的滋生。

　　最后，再次使用莜面团滚过文物表面。这一次的目的主要是为了检验除尘效果，并对文物进行一定养护。面团依然使用药水和制，但加大了甘油的添加比例。若滚过文物表面的面团无明显污渍，即证明文物除尘工序完成。反之，若面团表面仍有明显脏污，则重复上一步骤，直至文物表面干净为止。莜面团中添加的甘油可对纸张类文物起到一定的软化保护作用，除尘后的纸张触感绵柔，有利于文物的延年。

　　养护好的文物就可以入库封存了。出于安全性考虑，要对文物进行包装处理，从而减少搬运和贮存过程中对文物的损伤。

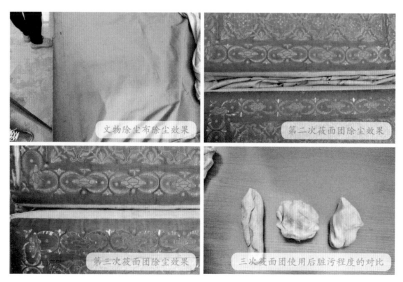

文物除尘布除尘效果　第二次被面团除尘效果

第三次被面团除尘效果　三次被面团使用后脏污程度的对比

文物除尘效果对比

　　包装书画类文物要用到无酸纸筒、无酸防虫纸、无酸包装纸、胶条、包扎条带。包扎条带在使用前须"入黄"处理，也就是用黄柏、花椒熬制药水浸泡，晾干后备用。

　　除尘后，用启子轻轻铲除文物背面的硬浆糊残留。然后画心朝上，覆盖无酸防虫纸，再以无酸纸筒为轴卷成筒。无酸纸筒直径越宽对纸质文物的折损伤害越小。在卷好的纸筒外包裹无酸包装纸两层以上，用胶带封好后再拿包扎条带对纸筒进行捆扎，避开画心处打结。

扎带"入黄"

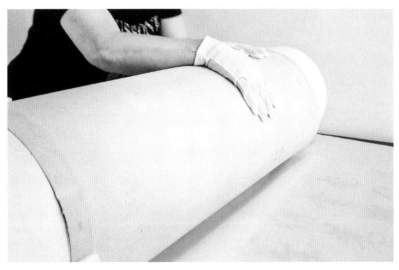

文物入库前的包装

封建社会，在官式建筑里，贴落类书画作为家居装饰，其创作者多为皇帝家眷或翰林院大臣，并且随着皇帝赏玩情趣，或节令需求时常更换，没有被赋予收藏价值。因此在摘取、除尘、贮存这些方面，并没有产生完整的技艺传承。但在传统内檐糊饰以及书画装裱中，却传承下来许多如入黄、启画等可应用在官式建筑内檐糊饰棚壁修缮项目文物摘取、除尘、贮存工序中的手艺和规矩。随着封建王朝的结束，如今的清代宫廷贴落已不再是简单的装饰品，而是拥有了其独特的历史、艺术等文物价值，因此在摘取、除尘、保存等方面也得到了相应的重视。

遇到问题不要慌

官式建筑内檐糊饰棚壁修缮项目在施工过程中常见的问题主要有：

水冲法制取浆糊时，浆液未发生膨化或膨化不全怎么办？这可能是由于配置浆液时，温凉水比例过高或水温过低，也有可能是环境温度过低，或者冲制时热水倾倒速度过慢，导致冲制温度不够，无法为淀粉支链的膨化提供足够的热量。遇到这种问题，可通过隔水加热法进行补救。把未膨化完全的浆液盛入容器中，放进装有温水的大盆内，低温加热。盆内温水的比例视容器体积和浆液量而定，若水量过少，会影响浆液均匀受热；若水量过多，则会导致容器放置不稳，为之后的操作带来安全隐患。水温须控制在70摄氏度左右，不可沸腾。加热时，须顺一方向不停搅拌，使浆液充分均匀受热。操作过程中须佩戴护具，扶稳容器壁沿，防止搅动时打翻容器，发生危险。

合纸时刷破纸面怎么办？排除纸张本身的质量问题，纸面破裂有可能是浆糊调制过稀、刷浆施力不流畅或用力过重、棕刷未清洁干净有浆糊硬痂等多种原因造成。在对破损原因排查矫正后，可通过覆盖未破损纸张进行补救，将纸面破损的部分拼贴回原位。对于纸面断裂移位形成的破损，可在断裂移位的区域喷洒清水，借助水的浮力用棕刷轻轻将移位的部分刷回原位。对于破洞、卷折状的破损，可用镊子轻轻将卷折处拨回原位，或裁切补片进行修补。拿吸水草纸将纸面多余的水分吸除，在水浸过的区域补刷浆糊，再拿一张新纸，交错纸纹方向覆盖破损纸张，用棕刷拍实，便可继续合纸步骤。

通片后墙面不平整怎么办？"撒鱼鳞"是最考验工匠操作经验的技术，通片后棚壁表面不平整多是因为白樘箅子歪闪情况严重，或是工匠对"鱼鳞"的位置、距离、角度把握不到位，以及作为"鱼鳞"的纸条宽度差异过大导致的。面对这种情况可再次通过"撒鱼鳞"和通片的方式进行矫正。但须注意的是，施工最好在两遍"撒鱼鳞"覆盖通片的找平

膨沟、"撒鱼鳞"、通片灵活组合

工序内，解决糊饰墙面或棚顶不平整的问题，否则不仅消耗过多材料，造成浪费，且可能带来工程材料经费超支、供给不足等问题，同时会加剧白樘箅子老化。

糊饰的棚壁无法干透怎么办？主要由天气原因引起，虽然官式建筑内檐糊饰棚壁修缮工程的施工工期，一般不会选在雨季等不利于施工的时间段，而且营建糊饰棚壁的官式建筑文物基本都位于干旱少雨的北方。但若碰巧遇到连续阴雨的天气，就会给工程带来晾晒方面的问题。若不及时处理，棚壁就有可能滋生霉菌等病害，浆糊黏性也会降低，影响棚壁质量。再者说，官式建筑内檐棚壁糊饰的每一道工序都必须在彻底晾干前提下，才能进行下一步。棚壁迟迟未干，就会直接影响工程进度。在无自然晾晒条件的情况下，可以在房间内摆放炭盆来加速棚壁的干燥。但须注意的是，必须选用环保无烟炭，炭盆应摆放在室内的中央，防止热量散发不均匀导致棚壁干燥速度不一致，引起纸张开裂。另外，使用炭盆时需有专人看管，人员进入建筑前须通风换气，佩戴防护用具，以防发生火灾、烫伤、一氧化碳中毒等意外事件。

工期过紧怎么办？虽然施工前设计人员会对工程进度

进行专业测算，还有审核部门层层把关，但是遇到特别紧急
的工程，或施工过程中出现意外，影响到工程的进度怎么办
呢？遇到这种情况，一定要首先保障工程质量和施工安全。
在条件允许的情况下，可通过调整施工工序、抽调和紧急
培训施工人手、增设操作间调配多工序同步进行等方式加
快工程进度。

　　文物破损怎么办？这个问题多发生在文物摘取、除尘和

文物破损修复

运输的过程中，有可能因为意外或操作失当导致文物破损。遇到这种情况应第一时间向文物部门汇报，组织紧急专家团队，对破损文物进行"会诊"，商讨修复方案。切勿隐瞒不报，也不能擅自处理文物，应及时对破损文物进行应急保护，并估算损害情况。文物破损情况不严重，且施工现场有修复条件，可在有关部门的批准下对破损文物进行修复。若破损情况严重，或施工现场无修复条件，则须将破损文物妥善移交至文物部门，组织修复。

验收过程需仔细

官式建筑内檐糊饰棚壁修缮工程的验收，包括阶段验收和竣工验收两个类别。阶段验收是在施工过程中，一般为某一重大工序完工后，由项目的审批机关或委托机关组织验收。竣工验收是在项目全部完工后，先由业主单位、设计单位、施工单位、监理单位对工程质量进行验评，再由项目审批机关组织验收。验收的范围涵盖工程程序、工程材料、工程质量、工程图纸、工程记录、财务决算等。

关于官式建筑内檐糊饰棚壁修缮工程的验收标准，国家和地方政府在《古建筑修建工程施工及质量验收规范》《建筑装饰装修工程质量验收规范》《文物建筑修缮工程验收规范》等文件中，从执行和管理的角度，对修缮工程验收环节作出明确规定，本书不再赘述。

不过，我们可以从官式建筑内檐棚壁糊饰技艺操作与应用的角度，对官式建筑内檐糊饰棚壁修缮工程验收时的内容与标准予以归纳总结。

官式建筑内檐糊饰棚壁修缮工程验收时须重点查验的对象，包括棚壁外观和隐蔽工程。对棚壁外观上的评定主要通过观察的方法进行。要求施工完成后，表面无褶皱、无胶痕、无裂缝，边沿封闭完整不起翘，粘贴紧实无空鼓；棚壁图案与色彩符合设计，且与建筑历史风貌及装饰风格相吻合；纸张拼接处无明显接痕，色彩过渡自然，图案完整，走向直顺，无明显修复痕迹；表面干净无污渍、无菌痕、无虫洞及其他破损痕迹；表面除必要的嵌钉、装饰性挂钩等构件外，不得有尖锐物或其他危险杂物，起固定作用的钉铆应合理修饰、遮蔽。

对隐蔽工程的评定主要通过施工记录、实验法和其他

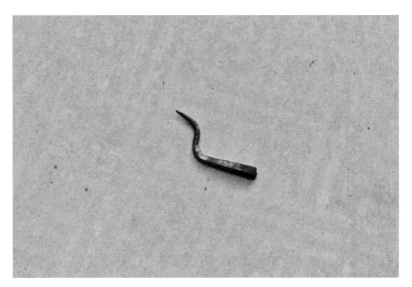

脱落老钉子

测量手段，借助专业测量仪器进行。所谓隐蔽工程即建筑施工时被其他工程覆盖，施工完成后难以直接观测到的工程。官式建筑内檐糊饰棚壁修缮工程中的隐蔽工程主要包括白樘篦子和背纸的修缮工程。要求白樘篦子表面干净，无浮土，无霉菌等病虫害及旧浆糊硬痂、纸迹残留；篦子捆扎结实，无松钉、毛刺，连接牢固，结构完整，材质坚实，无明显晃动；背纸黏合紧实不起翘、无空鼓，表面平整，无褶皱、裂缝；无刺激性气味，有害物、药物成分及含量须符合《建筑胶粘剂有害物质限量》《室内装饰装修材料胶粘剂中有害物质限量》《室内装饰装修材料木家具中有害物质限量》《室内装饰装修材料内墙涂料中有害物质限量》《室内装饰装修材料壁纸中有害物质限量》《民用建筑工程室内环境污染控制规范》等相关规定。

官式建筑内檐糊饰棚壁修缮工程施工人员操作时须达到的标准涵盖官式建筑内檐棚壁糊饰的各个环节，主要包括：操作人员应佩戴手套、口罩、帽子、头盔等防护用具；施工材料应妥善存放，做好防潮、防火等保护措施；材料搬运时应进行包装，避免磕碰；浆糊搅拌时应至少两人配合，避免发生打翻及其他危险；使用水、电、火等危险物品时应符合限定标准，不得离人；施工前应对地面及其他构件采取包裹等保护措施；搭、拆脚手架时应小心避让；施工时应注意手部及操作环境清洁；白樘篦子清理时，应喷水降尘，清洁和修补白樘篦子时要做到无遗漏，及时清理清洁脚手架，清洁后应充分干燥；调制防蠹浆糊时，药液酸碱度限定范围7.5（±0.5），浆糊使用前无腐坏、无结块；揉浆应无遗漏，并充分干燥；合纸应均匀刷浆，充分压实排气，无遗漏；扒登表面平整，边沿用棕刷敲打压实，且应包裹白榁篦子楥条，充分干燥后轻敲应有鼓声；补登表面平整，边沿接口应保持在白榁篦子楥条上；通片应避开阴雨、寒冷气候，黏合紧实无遗漏，表面平整无卷边，接缝平直、对齐，误差不超过1毫米；裱糊面纸前应先计算模数，不合模数的纸幅应糊于不明显处，花纹对应准确，误差不超过1毫米，从门窗远端向近端糊起，先糊棚顶再糊墙面。

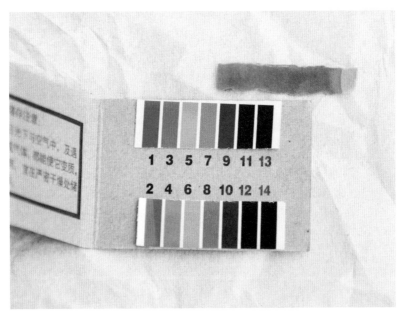

检测药液酸碱性

11

关于保护的辩证与思考

文物？文物！

要想理解官式建筑内檐棚壁糊饰技艺对文物修复的参考价值，首先需要探讨官式建筑内檐棚壁糊饰技艺所修棚壁，尤其是白樘篦子、纸绢类残迹以及铆钉等配件是否为文物。

关于文物的定义，学界有众多表述，虽然角度各有侧重，但似乎达成了文物是经过时间赋予和催化的历史的产物这一共识。凌波在《文物价值简论》中有详细的论述。他认为文物的形成几乎都经历了从具有着重要使用功能或用于日常生活所需、或用于精神活动需要而生产的物品，到因为各种偶然因素导致其在当时没被消耗完全，并被保存至今这一过程。文物保留有大量当时的文化信息，这种信息对后人的精神又具有某种反哺的作用和能力，并且随时间的发展，其携带的文化信息与反哺作用能力的重要性将会有一定程度的增加。但"人类精神反哺作用能力"这一描述难免让"务实主义"者觉得过于空泛。凌波认为文物与人类社会形成了一种特殊的主客体关系，作为主体的人类，既不是虚拟的历史主体，也不是含混不清的、不确定的未来主体，而必须是现实主体。他认为文物是不依赖主体感知存在的，但文物价值却必须通过与主体的交换才能实现。这里的交换又分为具备专业技能且有认知权限的研究人员作为价值主体和可不完全实现的普通大众作为价值主体两种交换形式。按照凌波对文物和文物价值的界定，我们可以把文物价值划分为"历史价值""科学价值""艺术价值"3个范畴。那么，官式建筑内檐棚壁糊饰技艺所修复的棚壁、白樘箅子、纸绢类残迹以及铆钉等配件，因其被创造的年代与实时存在差值，便自然含有了不属于本时代的史实信息，且作为在当时拥有最高规格权限、集合最高工艺标准的官式建筑构件，其必然代表了同时代同类物的最高科技、艺术水平，以满足研究人员和普通大众的交换需求，达成对现实主体精神的反哺。所以它的文物属性和文物价值是毋庸置疑的。

不过，也有专家提出了不同观点。周孟圆、杜晓帆在《文物的价值在行动中产生——文物价值认定的前沿理念与经验》[1]一文中，否认了文物价值是文物的固有属性。他

---

[1] 周孟圆，杜晓帆：《文物的价值在行动中产生——文物价值认定的前沿理念与经验》，《故宫博物院院刊》，2019(01):15-25+108.

"启"贴落

们对德·拉·图尔（Marta de la Torre）、尤嘎·尤基莱托（Jukka Jokilehto）、斯朋曼（Dirk Spennemann）、李佩（William Lipe）等西方学者的理论进行了分析，认为将文物的价值定义为文物固有的内在价值是一种僵硬的判断，这会使得文物价值仅仅依存于人类现有认知水平和能力，不足以完全获取文物蕴含的信息。而文物作为物品，其价值是"中性"的，只有人类通过研究或其他认识活动，在人类社会产生影响后，才能赋予文物超越中性的价值。这里的"中性"通过上下文理解，应该是指物质存在本身的意义，也就是建筑物只作为建筑物，器皿只作为器皿，而非去考量其拥有的历史信息等价值。持这种观点的学者认为文物的价值是在考古、研究、修复、保护等实践中不断被创造的。套用到我们官式建筑内檐棚壁糊饰技艺相关的讨论范畴，就是指官式建筑内檐棚壁糊饰技艺所修复的棚、壁，及白樘箅子、纸绢残迹等是否能从建筑（只不过是老一点的建筑）上升为文物，是依托于人类是否愿意去研究、保护、修复等。从这个角度看，白樘箅子、纸张残迹等反倒是因为内檐棚壁糊饰技艺的存在和实施而增添了更多的价值内涵。

这两种说法都有一定道理。"文物"一词中的"文"即表明了文物与人类活动、人类精神文明需求存在着极为密切关系，它们不似风雨雷电那般自然孕育，至少从源头上讲，构成文物的实物材料是由人类创造而出的。不过，文物及其价值也并非脱离客观存在，完全由人为赋予。不然我们根本无须去保护或者说去赋予文物应有的价值，而是直接"翻篇"，无视这些历史和文明，仅仅专注当下及未来便可。文物作为一种物质存在，其样态被定格在某一瞬间，即便是不断被修补，它的时间样态也是静态而非一个动态的过程，这就使得文物所蕴含的信息与现实存在的信息存在一定程度的差异，而物品在使用中产生消耗的天然属性，也决定了这些差异信息的珍贵程度。同时人类对文物蕴藏的索取并非是一种高高在上的施予。从操作角度看，文物蕴藏的信息能否被挖掘出来，依赖于群体的行动。但从宏观视角看，人类对历史的探索与总结，本就受人类趋利避害的本能所推动。人类借鉴经验的目的，就是要以此来指导行动、规划未来。所以，在分析与判断文物及其价值时，必须正视其存在的客观性，及修复与保护文物的必要性。这样看来文物与人类更像是一种相互依存的共生关系。

对于官式建筑内檐的棚、壁及白樘箅子、纸绢残迹、铆钉配件等建筑构件来说，它们被保护、被修复还有另外一层意义。这些"物"的产生是作为建筑物的一部分存在的，对建筑的其他构件或有支撑作用，或有装饰作用，或有分隔作用等，在与其他建筑构件的共同作用下，才能满足居住者宜居、美观等要求。如今这些构件所建构的建筑文物，其使用功能已由居所变更为供人研究、认识、参观等的对象，可以

官式"春帖"

说，其原本的使用功能不再被重视。但是当我们审视的对象具体为建筑构件时，构件的原生功能便不能不被重视。因为构件若无法正常使用，比如墙壁坍塌，那么建筑物原有的文化功能就无法得到展现，建筑所蕴含的一些重要信息、价值也就必然地被遮蔽和更改。虽然与此同时新的内涵和价值还会因社会需要而不断诞生，且文物的消耗与损毁是必然的，但若不加任何干预任其遗失甚至人为销毁或损害，显然无益于人类的认识与实践活动。因此，保护和修复官式建筑内檐的棚、壁，及白樘篦子、纸绢残迹、铆钉配件等建筑构件，尽可能延长建筑物的寿命，使文物更好地为人类服务就显得尤为必要。

认识过去的钥匙

我们之所以如此重视非物质文化遗产，一个最本质的原因就是它能让人类更好地认识历史。

人类认识历史大多是通过文本与实物，但是这两个提供的信息，往往是不够准确、不够细致、不够全面或是碎片化的，很难使我们认识事物的全貌，更无法展示整个事物发展演进的过程。而非遗作为一种活态的技术传承，恰恰弥补了这一缺失。遗憾的是，现实生活中，传统技艺类非物质文化遗产的历史认识价值很容易被忽略，人们的注意力往往被技艺高超的艺术创造力所吸引，但实际上，手工技艺的历史功能同样宝贵。

如果说物质文化遗产中蕴藏的历史信息多以点状呈现，那么非物质文化遗产中所蕴藏的历史信息则是以流动的、延续的、活态的形式传承至今。可以说在非物质文化遗产中，时间奔腾不息的特性略有"松动"，使人们可以在其中切身感受到另一个时代的痕迹。官式建筑内檐棚壁糊饰技艺同样如此，通过这项技艺，可以把古代最高等级的糊棚技艺原汁原味地、系统地呈现在我们面前。如今我们的社会早已没有了"官式""民间"的等级划分，出于成本和土地利用等因素的考虑，大多数现代建筑也不再以土木等建筑材料为构件，原本清代贵族出于日常生活所需对棚壁进行装饰、修补、更换等的习惯也已经不复存在。虽然官式建筑内檐棚壁糊饰技艺因其"官方"身份，比起大部分的手工技艺类非物质文化遗产要幸运许多，至少历史上的某些工序、用材等信息还是被如实地记录了下来。但是，文字的表达是有限的，再生动的文字也只能让受众"恍若身临其境"，它所包含的历史信息只能通过后人的理解和想象还原。而官式建筑内檐棚壁糊饰技艺等非物质文化遗产的存在，却可以让当代人得以有机会通过亲身的目睹、鼻闻、触摸，穿越历史，学习到这项技能。

通过官式建筑内檐棚壁糊饰技艺，我们可以看到纸张如200年前一样，一步步被牢牢固定在篦子上；可以闻到一样的花椒、黄柏带来的药香；可以如同前人一般，触摸到浆糊快速糊化时的黏稠与滚烫……这就是官式建筑内檐棚壁糊饰技艺或者说是大多数非物质文化遗产所蕴含的魅力：将历史未曾湮灭的遗珠用生动的方式呈现在当代人眼前，与之互动，而互动的结果又将继续汇入历史，赋予遗珠更为丰富的内涵，不断地交付至下一代手中，不断地历久弥新、焕发新生。

官式建筑内檐棚壁糊饰技艺还蕴含了皇家文化相关的历史信息，包括清朝贵胄对棚壁的装饰、维护方法与理念，及其对宜居和审美的认识与偏好。

皇帝寝宫陈设（模型）

　　与物质文化遗产一样，非物质文化遗产也是历史的"幸存者"，时光湮灭了大多数的过往，只留下丝丝碎片让世人一窥当年。历史是人类创造的，人类的一举一动都在创造历史，时光的筛选却充满偶然。也许我们此时此刻随意留下的一篇文字、一段录音，就有可能避过时光的消磨，成为后世了解我们此时此刻的线索。但这种随手而作、随处可见的琐碎毕竟不会被创造者重视，再详细的档案也不过"海墁天花用白棉榜纸托夹堂，苎布糊头层底，贰号高丽纸横顺糊两层，山西绢托榜纸，过画作，画完裱糊面层……[1]"，但在官式建筑内檐棚壁糊饰技艺中，匠师会用最质朴的语言把最有用的东西传递给后人：糊棚主要为了暖和，即便是宫里，也喜欢把睡觉那屋隔小点；民间搭棚用秸秆，宫里用篦子；主要是在日常起居用的殿里面糊棚壁；面纸下面那层底纸的颜色要尽量白点，这样屋子里才会显得干净；纸不能浪费，糊棚剩下的纸可以糊窗子，糊窗户剩下的纸可以博缝；篦子不平不用打新的，看看满撒鱼鳞能不能补救回来，宫里也比较节俭……瞧，清代皇家文化中尚俭的道德追求，尚白的审美偏好，小而暖的宜居认知等更具精神文

---

[1] [清]工部：《工程做法》，清雍正十二年刻本，卷六十，第1287页。

化属性的历史信息，就在不知不觉间生动地传递了出来。

当然，通过官式建筑内檐棚壁糊饰技艺，我们还可以获取内檐糊饰技艺历史变迁与材料选择等诸多信息。或许在文献中，我们可以看到糊饰的材料有纱、麻、绢等，但经过几代人的实践，最终还是选择了更易得、更经济、更柔韧的纸，在各种纸中又选择了纤维最长的桑皮纸和高丽纸。修缮习惯中"两年一糊"的规矩，因技艺的优化延长了棚壁糊饰的基本使用年限，逐渐被弃置。诸如此般与记载里相似又不全似的变化与筛选，在典籍中因模糊被忽视的缘由与经过，都在这项技艺的操作与应用中明朗地呈现。每一代传承者都或多或少地影响着官式建筑内檐棚壁糊饰技艺具体内容，而这项技艺也在传承过程中，将这些过程记录了下来。作为后来者，我们更有义务将这笔宝贵的文化资源好好保护，递交到我们下一代的手中。❀

12

可爱的 TA

"聪明"的TA

作为中国古代内檐棚壁糊饰技术最高水平的代表，官式建筑内檐棚壁糊饰技艺无疑是可爱的，大大方方地向世人展现她的智慧，还因此收获了不少"称号"。

第一个称号是"防虫避蠹小能手"。在现代化工业兴起之前，古人就先行一步，在满足对人体无害、不影响纸张柔性、不影响浆糊黏合力、不影响药性挥发失效、以及所产生

防蠹药材的不同配方

的气味不会过重而引人反感、药剂经济易得可大范围使用、药性成分可溶于水且耐高温、无沉淀等条件下，通过植物、矿物等天然配方的使用，最终实现了对皮蠹、黑曲霉菌等病虫害的防治作用。

第二个称号是"糊贴黏合大王"。官式建筑内檐棚壁糊饰技艺找到了性价比最高的粘贴材料——浆糊。不仅价格实惠、简单易得，同时满足延展性好，质量轻，不易变性、腐坏，酸碱度适中、稳定等功能需求，而且粘贴起效速度适宜，既不会太快，让施胶操作手忙脚乱，又不会太慢影响工程进度。同时，浆糊作为黏合剂具有可逆性，可以通过水洗等方式将粘合物分开，将黏合剂去除，这样既可节约成本，也可增加材料的利用率，还能减少对文物的侵害，从而起到很好的保护作用。

为了提升黏合性能，古人还总结出浆糊浓稠度的使用规律，比如合纸的浆糊稀一点为佳，这样才能更好地扩散到纸张的纤维素里，填补到纤维素的缝隙中，并和纤维素中的羟基形成氢键，完成对纸张的"重塑"。而揉浆的浆糊则要尽可能地稠，配合"揉"的施浆手法，利用淀粉糊化的稳定性，使晾干后的稠糊得以附着在篦子表面，增大篦子与纸张间的摩擦。在制取浆糊时，还要求制好的糊在"过性"后才能使用，这也是为了保证浆糊的糊化彻底完成，从而不会因为淀粉支链的继续膨胀而影响到纸张的黏合效果。而"梅花盘布"的粘贴方式，则是为更好地适应官式建筑内檐棚壁相比民间糊棚所用纸张层数更多、质量更重、更牢固、更美观的特点，通过增大纸张与篦子接触面，分散粘贴受力，使纸张与篦子黏合得更加牢固。

"梅花盘布"

官式建筑内檐棚壁糊饰技艺还有"健康养生专家"的称号。用这项技术糊饰的棚壁结实耐久，更加长寿。这主要通过对纸张的处理、纸材的选择和干湿度控制等关键技术实现。纸张的处理包括添加剂的使用，比如添加防虫蠹的药材，制作面纸时会经过胶矾水处理，这样面纸上的印花才会更加牢固，而且遇水后也可减缓水分的吸收速度，还可以提升纸张密度，从而降低水泼等事故对棚壁所造成的损害。纸张的处理还包括对纸张特性的合理利用，比如我们知道在造纸时，"抄纸"可以通过水流方向，使纸张纤维形成一顺的纹路，从而使纸张垂直于纤维方向的抗拉扯力达至最强，因此，在合纸时，为了保证纸张四边抗拉扯力的均匀，需要分清纸张的纤维纹路，并使两张纸的纤维交错黏合，也就是所谓的"合纸横竖纹"；通片时，如果篦子条件不好需要通两次，也要在通第二遍时，从房屋的另外一角换一个方向，使两道通片的走向交错，也就是所谓的"通片横一道竖一道"，以此保证纸张受力和吸湿膨胀、干燥收缩时力的分散，从而提升棚壁整体的抗张强度。

抄纸

在纸材的选择上，古人早已洞悉纸纤维长度与纸张抗张性能间的关系，因此在主要起支撑作用的背纸材料的选择上，人们更喜欢采用高丽纸等纸张纤维较长的皮纸，使用老桑树皮所制的高丽纸纸纤维，甚至可以达到1.5厘米以上，这样制成的桑皮纸张虽然不像做面纸的宣纸那么平滑、吸墨，颜色也略发乳色，但其坚韧结实程度十分优越。虽对水的吸收容纳力更强，但干湿收缩变化极小。所以古人在选择背纸时，会尽可能选择那些纤维长的纸张。

在干湿度控制方面，古人已掌握利用干湿度变化提升糊饰质量的方法。比如在通片时，从第一张纸上墙到整间屋子通完一遍，中间是不可以休息的。而且通片不能满墙起头，必须顺一个方向一道一道糊，这就起到了缩小张与张之间、头与尾之间的干湿度差异，从而削弱干湿度变化引起纸张涨缩，减小对棚壁糊饰稳定性能的影响，并利用干湿度在纸张间的传递，创造出区域内相对稳定的湿度环境。

另外，官式建筑内檐棚壁糊饰技艺还有一个"塑身美体大师"的称号。通过官式建筑内檐棚壁糊饰技艺，我们可以看到古人在墙体找平方面的智慧。其中最为典型的就是"撒鱼鳞"这道工序的开发与应用。

在新搭建的篦子上糊饰时一般是不需要"撒鱼鳞"的，随着时间的流逝，篦子本身会因为受力不均和老化等问题塌陷、歪闪，甚至存在小范围的腐烂、缺失，却不至于影响篦子基础的支撑性能，这时，重新搭建篦子就会带来工程量大、工期长、耗费高等问题。但是，如果不顾篦子歪闪情况糊饰，又会影响棚壁糊饰的稳固，加速纸张、篦子的老化。因此，就诞生了"撒鱼鳞"这项"补救措施"。

"撒鱼鳞"的技术核心，就是通过软性的材料，搭建出多层的三角支撑空间。软性的材料有两大优势，其一是随形，也就是说软性的材料可以很好地贴合篦子塌陷形成的曲面。相反，任何硬性的材料如木板等都会在立面和篦子间形成空鼓，继而影响"补救措施"的稳定性能和支撑性能。其

"撒鱼鳞"效果

二为弹性，软性材料形成的支撑力是带弹性的，这样一方面可以通过力的分散提升立面整体的稳定性，另一方面也减小了对材料精细程度的要求。充当"鱼鳞"的纸条虽有长短、宽窄的基本要求，但无须如木板那般，面临差之分毫便补不进去的窘境，由此便省去了很多工时、工力。

"鱼鳞"一层层叠撒就由"鱼鳞"在篦子和通片间形成了众多三角支撑空间，三角形的稳定性毋庸置疑，而通过"鱼鳞"疏密的调控，使得越是篦子内陷严重的区域，三角空间越密实，为此区域的通片立面提供更强力的支撑，整体来看，通片后的墙面和棚顶就"平"了。这就是"撒鱼鳞"找平的奥秘。

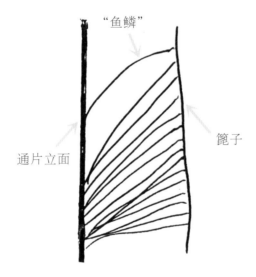

"撒鱼鳞"截面示意图

"文艺"的TA

虽然，官式建筑内檐棚壁糊饰技艺因其作用于建筑，不似书画装裱那般作用于艺术品，而被故宫的老匠人称作"粗活"，但是作为服务于皇家的一项手艺，并且糊饰而成的棚壁同样具有重要的装饰功能，因而官式建筑内檐糊饰棚壁具有很高的"艺术天分"。

官式建筑内檐棚壁糊饰技艺强调图案的完整。为此在粘贴面纸时有一种专门的技法，被称为"跟龙到底""转角对花"。王敏英在采访中表示，"对花"是粘贴面纸时最累，也是最重要的工作，也从侧面反映出完整性对于官式建筑内檐糊饰棚壁的重要程度。图案的完整性之所以成为官式建筑内檐糊饰棚壁的基础，是因为中国传统艺术中讲究的是"有图必有意，有意必吉祥"，这种吉祥的寓意必须通过完整的图案才能体现。比如小团龙图案，在明清时期是等级最高的纹饰之一，由单龙或双龙首尾相连、盘旋成圆团构成，在清末的官式建筑糊饰棚壁上十分常见，体现了皇室的尊贵、威严，还含有吉祥的寓意。而一旦图案没有拼贴完整，团龙就变成了"残龙"，祥龙也变得不祥起来，这在封建帝制社会是要"掉脑袋"的大事。而诸如北京故宫倦勤斋通景画棚壁这样叙事题材的纹饰，其叙事的内容，以及立体效果等，更是需要通过图案的完整性方可呈现。

官式建筑内檐棚壁糊饰技艺所使用的纹饰，具有很高的艺术水平。清代的统治者是满族人，其纹饰必然受满族审美文化的影响，又因统治者主动接纳汉文化，而使得满汉文化高度融合。经济与社会生产力繁荣发展，君主专制达到巅峰，中西文化持续交流，最终形成官式建筑内檐糊饰棚壁纹样华贵、庄严、精致、绚丽、繁复、程式化的艺术风格。以龙纹举例，苗族服饰上的龙纹身形圆润，线条柔和，结构简化，造型稚拙。故宫天花中的龙纹造型则大大不同。龙头比

苗族服饰上的龙

重增加，额头、下颏宽阔方正，鬃毛浓密，龙爪回勾，龙身却相对细一些，强化了龙首的视觉冲击力，呈现出威严肃穆之感。虽然仅龙纹饰就有升降龙、团龙等众多品种，但依然可以反映出清代官造纹样华贵、庄严的整体趋势。

故宫天花里的龙

官式建筑内檐棚壁糊饰技艺擅于运用色彩的搭配，提升视觉效果。作为内檐装潢的一部分，官式建筑内檐糊饰棚壁的色调多与室内陈设形成对比，打造出室内色彩层次感。

比如万字锦地延年益寿瓦当纹银印花纸糊饰棚壁，其银灰色调与养心殿内相对素简的门窗、花罩等装饰相得益彰。这种干净利落的色调更将墙面裱挂的字画饰物衬托出来，详略得当、重点突出。细细品味，棚壁、字画、家具陈设由远及近，色调也由浅入深，层层递进。视线所过，不被阻隔，自由延展，打造出纵深空间感。

不仅如此，棚壁色调的选择还与建筑使用功能相辅相成。上文提到的北京故宫养心殿，在清代从雍正时期开始被用作皇帝日常居住、办公理政的场所。《孟子》有云："养心莫善于寡欲"，意思就是："没有什么比减少欲望更能修养内心的了"，养心殿的名字正是出自于此。养心殿内檐装饰风格和它的名字一样，致力于打造宁静平和、舒适专注的休息、阅读等空间。因此，摒除了喧闹的、跳跃的色彩，本纸或银印花纸的色彩便显得恰如其分。银印花纸由两种颜色构成，底色为皎白色，是一种中性色调的白，给人以干净、明亮的感觉，又不过分扎眼。花纹为亮银色，与白色属于相近色，强光不显，隐有光泽，就为棚壁增添了些许层次感和灵动感，偏冷的色调又中和了灵动带来的轻浮，显得沉静。

仅仅通过色彩便达到了沉静而不呆板，生动而不艳俗，明亮、清雅的视觉效果，可见设计者的艺术功力。

万字锦地瓦当纹

　　官式建筑内檐棚壁糊饰技艺在构件的组合排列方面具有对称、重复的艺术特色。官式建筑内檐糊饰棚壁的图案多以小构件排列组合而成，这些小构件有抽象的如万字锦地瓦当纹、云纹等，也有具象的如龙、寿桃等，组合成一个小单元，如小团龙图案就是由两条夔龙纹饰环抱一梅形龙珠组合而成的一个单元。这些小单元多呈现方形套圆形的造型，一方面，从视觉上看，方形与圆形都属于对称性比较强的图形，迎合了中国传统文化中追求秩序性的审美偏好；另一方面，方形与圆形在中国传统文化中都具有极高的精神寓意，如方形所代表的方正，圆形所代表的圆融，组合在一起又暗含中国古代天圆地方的朴素宇宙观等。中国传统美学中，十分强调造型背后的精神属性，这种方形套圆形的组合在棚壁糊饰中出现的比例也很高。当然也有例外，如北京故宫丽景轩中就有葵形花纹的棚壁糊饰。这些小构件重复组合、依次排列，形成整体图案。

像北京故宫倦勤斋通景画糊饰棚壁那样，以叙事作为排列依据的图案很少。其原因除了古人对秩序性的偏好外，还因为大部分的棚壁糊饰，在室内整体的视觉效果中属于次要位置，重复的图案有利于削弱其存在感，以更好地衬托出贴落、幔子、花罩等家居装饰的精美，避免喧宾夺主，扰乱视线而使得室内杂乱，影响居住的舒适度。而倦勤斋则大大不同，通景画棚壁跃然成为室内装饰的主角，其他家居则尽可能地精简，甚至需要配合画中内容摆放，以打造室内"人在画中游"的视觉效果。

由此可见，官式建筑内檐棚壁糊饰技艺在面纸图案、色彩、排列的选择与搭配等方面的艺术水平毋庸置疑。除此之外，无论"梅花盘布"后错落有致的视觉效果，还是背纸裱糊后又白又平的棚壁，抑或通片时老匠人熟练得如同舞蹈似的上纸、合纸，都颇具美感，值得细细研究。

"弟弟""妹妹"的好榜样

官式建筑内檐棚壁糊饰技艺作为古代内檐棚壁最高装潢技术的重要组成，其影响并非只停留在过去，在现代建筑装潢，及保暖、环保材料应用等领域同样具有很高的借鉴意义，是后代建筑"弟弟""妹妹"们的"穿搭推荐官"。

官式建筑内檐棚壁糊饰技艺为现代建筑室内空间的分割利用提供了思路与方法。棚壁糊饰的整体思路，即是通过棚壁糊饰分割空间，创造更适宜人居住的小环境。在北京、上海、广州等一线城市中，居高不下的房价，使得个人的居住空间紧缩，在较小的空间内满足舒适度与功能性的需求，就成了室内装潢设计者首要考虑的问题。而官式建筑内檐棚壁糊饰技艺恰恰擅长于提高空间的利用率，将空间依据动静、

沈阳大帅府中西合璧的天花

干湿等使用功能进行合理划分，使得室内区域分布更有条理，也为储物预留出更多空间。

不仅如此，比起承重墙，由白椴篦子与皮纸糊饰而成的棚壁不仅结实稳固，而且体量轻薄，节省了占地面积，又不似承重墙那般沉闷，从视觉上打造出更开阔的室内效果。

从审美角度来看，古人在棚壁装饰上的妙思，时至今日也并不显得落伍，甚至很受市场欢迎。比如银印花的花色处理便颇为精妙。纯色的棚壁虽然简约，但现代家居没有古典家居那么繁杂，更没有花罩、毗卢帽等构件，墙上也没有满饰贴落的习惯，如果家具不多，纯色的棚壁很容易显得室内空旷、沉闷。相反，花纹色彩饱和度太高又会显得室内杂乱、喧闹，影响居住。银印花的设计既打破了这种沉闷，又不过分突兀，低饱和色彩打造出的暗纹使得棚壁更具层次感，起到延长开阔的视觉效果。在不同的室内光线下，暗纹若隐若现，为居室增添了一份趣味。

更不用说官式建筑内檐糊饰棚壁上的图案花纹也很漂亮、经典，还是旧时皇帝精心挑选的"宝贝"。无论是葵形纹、万字锦地纹，还是小团龙、莲花水草等，这些造型典雅、精致，装饰性极强，而且颇具民族特色，每种图案背后都蕴含着丰富的吉祥寓意，生活在这样的环境中可让居住者心生暖意。

官式建筑内檐棚壁糊饰技艺还能为当代绿色、低碳生活提供思路。糊饰通过分割空间，减少了室内热能的损耗，提升热能效率，进而延长保温时间，实现保暖的效果。这种有意识地整合常用空间，缩小供暖区域的方式同样值得当代人学习。我们可以将室内划分成日常起居等需要供热的区域与储物等不需要供热的区域两部分，仅对需要供热的区域重点供热。这一思路还可以扩散到制冷、保湿、除湿等领域，适用性很高。

官式建筑内檐棚壁糊饰技艺所使用的材料天然、环保。皮纸、宣纸等软性材料，具有保温、吸湿、透气、安全的优点。淀粉黏合剂不含有甲醛等有害物质，用于防虫避蠹的中草药更是安全、天然。而且棚壁糊饰轻便、好拆除，糊饰的材料均可循环利用，方便更换，对当代人房屋租售频繁的情况十分友好。

几百年过去，官式建筑内檐棚壁糊饰技艺仍然在生养它的土地上散发着荧荧火花，向世人诉说着光阴的故事。时间带不走它的魅力，相反地，在世人的共同努力下，官式建筑内檐棚壁糊饰技艺将焕发出愈加蓬勃的生机。

🌸 后 记

与糊饰结缘是2018年，彼时正准备硕士毕业论文选题，拟定几项都因种种不妥搁置，眼见开题之日迫近，正焦急时，我的导师，也就是本书的主编苑利先生指点我，说有一个被师姐废弃的题目，问我要不要试试。就这样，我缓缓叩响官式建筑内檐棚壁糊饰技艺研究的大门，这项古老精妙的建筑营造珍葩渐渐呈现在我眼前。

因为专业的关系，曾领略过很多传统工艺的魅力，独糊饰令我牵肠挂肚。如书中所述，它是那么美丽、智慧，却又矜贵不为人所识，让我迫切想一探芳影，再亲笔传颂它的芳华。然而，"佳人"难觅，特别是对于我这个初出茅庐的"愣头青"，须得做足准备以陈情，用将近三年的时间，学技艺、下工地、访传人、查史籍。古建筑的世界很广博，档案阅读起来很艰涩，跟进工程的日子很快乐也很辛苦，学技术可好玩儿啦，就是面对文物残片要小心再小心些……也有找不到头绪抓耳挠腮的时候，但又总能幸运地拨云见日，这些都令我获益良多。在糊饰的见证下，我从稚嫩逐渐成熟，对糊饰的认识也一点点深入。

当然，这一切的成果离不开师友的保驾护航。引领我走进非物质文化遗产研究大门的导师苑利老师、顾军老师伉俪，传授我手艺的王敏英老师、纪秀文老师，解答我在糊饰探微中疑惑的纪立芳老师，培养我的母校中国艺术研究院、北京联合大学，以及故宫博物院、沈阳故宫博物院、承德避暑山庄博物馆、北京房地集团、北京出版集团等单位，感谢您们对我、对本书的指导与支持，还有诸位教导我、呵护我的师长，关怀我、鼓励我的亲友，研究领域的前辈，辛勤勘校的编辑老师，以及未曾谋面的读者朋友。感谢您们，让这本书的面世更顺利，也更有意义！

多年前，许下"我要出书"的小小梦想，如今即将实现，却是兴奋又忐忑的。本以为讲故事很轻松，但真正写起来才发现，想把专业性很强的知识朴实生动地表达绝不是一件容易的事。可我却非常贪心，刚叩开那扇门，便想把瞥见

的一抹惊艳诉说给您听。希望您也能在糊饰的世界里，玩得

愉快。

王添艺

2022 年 4 月于北京寓所